U0247096

中国草原保护与牧场利用丛书

（汉蒙双语版）

名誉主编　任继周

人工草地常见杂草防治

李　峰　花　梅　陶　雅

著

上海科学技术出版社

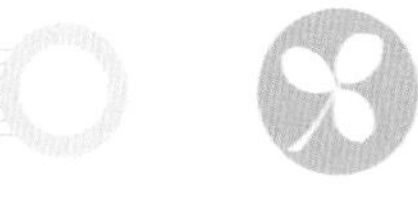

图书在版编目（CIP）数据

人工草地常见杂草防治 / 李峰，花梅，陶雅著. --
上海 : 上海科学技术出版社，2021.1
（中国草原保护与牧场利用丛书 : 汉蒙双语版）
ISBN 978-7-5478-4767-1

Ⅰ. ①人… Ⅱ. ①李… ②花… ③陶… Ⅲ. ①草原－
杂草－防治－汉、蒙 Ⅳ. ①S812.6

中国版本图书馆CIP数据核字(2020)第239491号

中国草原保护与牧场利用丛书(汉蒙双语版)

人工草地常见杂草防治

李 峰 花 梅 陶 雅 著

上海世纪出版(集团)有限公司
上 海 科 学 技 术 出 版 社 出版、发行
(上海钦州南路71号 邮政编码200235 www.sstp.cn)
上海中华商务联合印刷有限公司印刷
开本 787×1092 1/16 印张 14
字数 220千字
2021年1月第1版 2021年1月第1次印刷
ISBN 978-7-5478-4767-1 / S·193
定价: 80.00元

本书由国家牧草产业体系（CARS-34），中国农业科学院创新工程牧草栽培与加工利用团队（CAAS-ASTIP-IGR 2015-02），中央级公益性科研院所基本科研业务费专项（1610332020028），中国农业科学院科技创新工程重大产出科研选题（CAAS-ZDXT 2019004），黑龙江飞鹤乳业有限公司资助。

序

“中国草原保护与牧场利用丛书（汉蒙双语版）”很有特色，令人眼前一亮。

这是一套朴实无华，尊重自然，贴近生产，心里装着牧民和草原生态系统的小智库。该套丛书采用汉蒙两种语言表达了编著者对草原的理解和关怀。这是我国新一代草地科学工作者的青春足迹，弥足珍贵。它记录了编著者的忠诚心志和科学素养，彰显了对草原生态系统整体关怀的现代农业伦理观。

我国是个草原大国，各类天然草原近4亿公顷，约占陆地面积的40%以上，为森林面积的2.5倍、耕地面积的3.2倍，是我国面积最大的陆地生态系统。草原不仅是我国陆地的生态屏障，也是草原与它所养育的牧业民族所共同铸造的草原文明的载体。这是无私的自然留给中华民族的宝贵遗产。我们应清醒地认知，内蒙古草原，尤其是呼伦贝尔草原是欧亚大草原仅存的一角，是自然的、历史的遗产。

这里原本是生草土发育良好，草地丰茂，畜群如云，居民硕壮，万古长青的草地生态系统，人类文明的重要组分，是中华民族获得新鲜活力的源头之一。但是由于农业伦理观缺失的历史背景，先后被农耕生态系统和工业生态系统长期、不断地入侵和干扰，草原生态系统的健康遭受破坏，变为“生态脆弱区”。

目前大国崛起的形势已经到来，我们对草原的科学保护、合理利用、复壮草原生态系统势在必行。党的十九届四中全会提出“坚持和完善生态文明制度体系，促进人与自然和谐共生”。保护好草原，建设好草原生态文明，就是关系边疆各族人民生产、生活和生

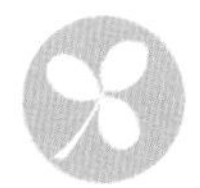

态环境永续发展，维护草原文化摇篮的千年大计。必须坚持保护优先、自然恢复为主，科技先行、多种措施并举，坚定走生产发展、生活富裕、生态良好的草原发展道路。

目前，草原科学新理念、新技术、新成果多以汉文材料为主，草原牧民汉语识别能力较弱，增加了在少数民族牧民中推广的难度。为此，该套丛书采用汉蒙双语对照，图文并茂，以便牧区广大群众看得懂、学得会和用得上，广泛推广最新研究成果，促进农牧民对汉字的识别能力。

该套丛书涵盖了草原保护与利用、栽培草地建植与管理等实用技术与原理，贯彻最新中央精神，可满足全国高校院所、农业、林业和草业部门对草牧业教材和乡村振兴战略读本的迫切需求。该套丛书的出版，可为恢复“风吹草低见牛羊”的富饶壮美的草原画卷提供有力支撑。

侯琳周

序于涵虚草舍，2019年初冬

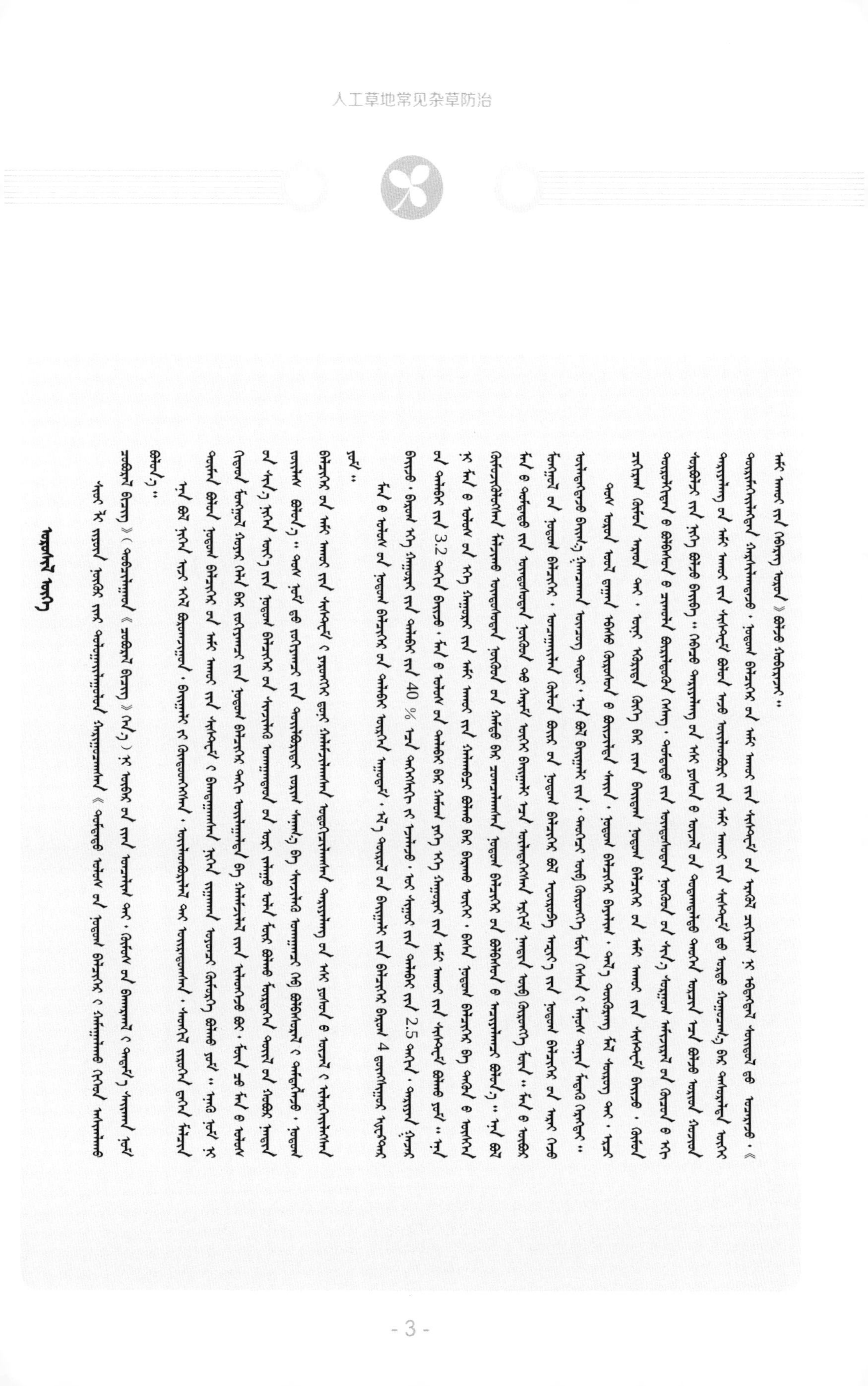

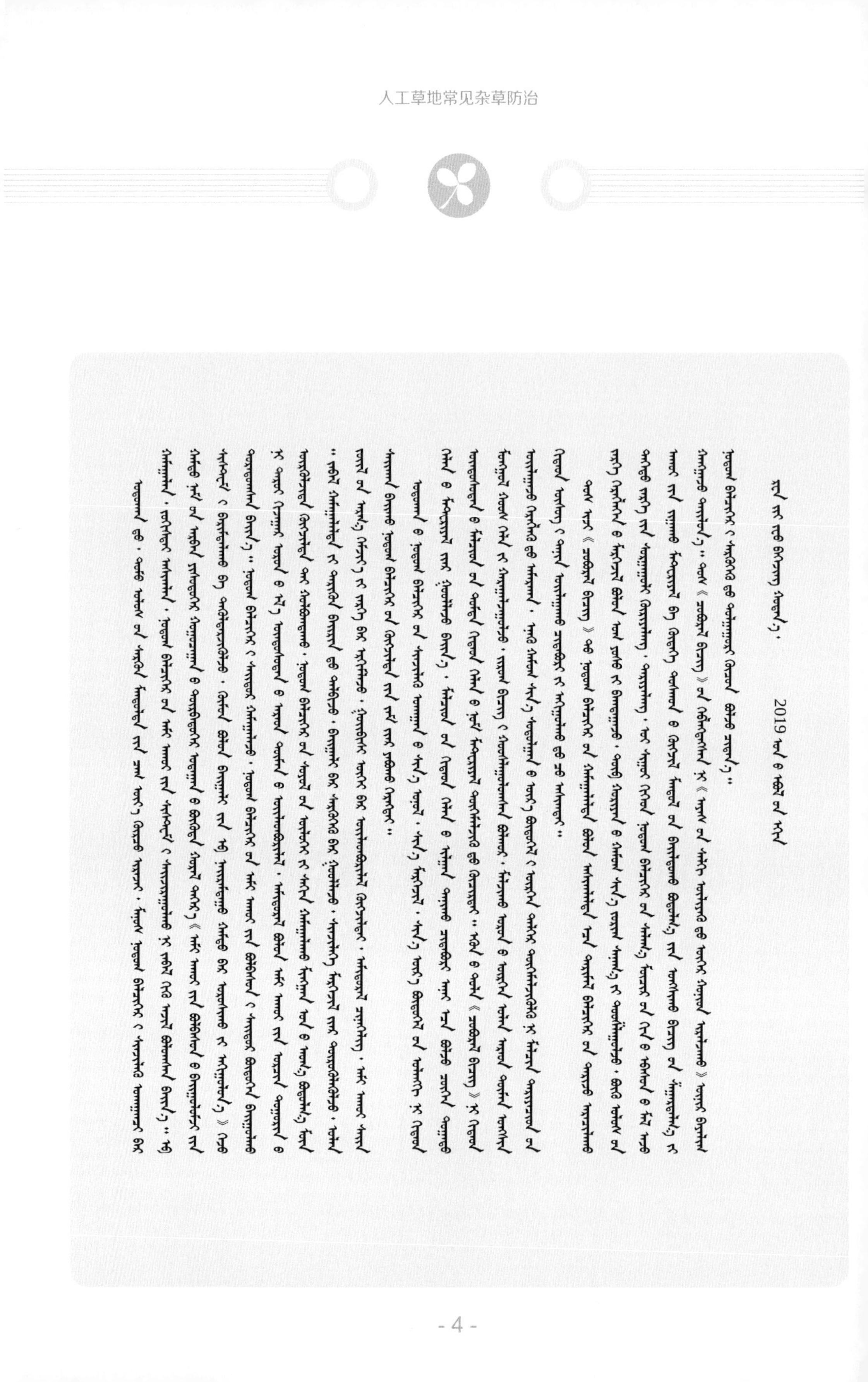

前／言

杂草与人工草地上的其他植物争光、争水、争养分、争空间，影响植物正常光合作用，阻碍作物生长发育并造成不可估量的经济损失，是农业生产中危害栽培作物的劲敌之一。如何防除人工草地杂草，一直是农业生产中的重大难题。准确识别杂草，对提高杂草的防除效果起着关键性的作用，是取得显著防除效果的前提条件。

杂草在人工草地中产生了“生态适应性”，因此无法通过人工拔草彻底根除。此外，长期人工拔草的草地，由于表土层被翻动，使土表下层的杂草种子得以萌发。施用高效、微毒、无污染的维护材料，化学防除人工草地杂草，是根除杂草、节省成本、保护人工草地行之有效的方法。

编写本书是为了更准确地识别杂草，在实践中不断提高对杂草的鉴别及防除能力。依据植物分类系统将常见的人工草地杂草按科排列，选择典型植株，配上生物学特性及识别特征，介绍其防除方法，所列药剂均具有普遍性、代表性。本书图文并茂，直观易懂，具有科学性、可操作性和实用性。

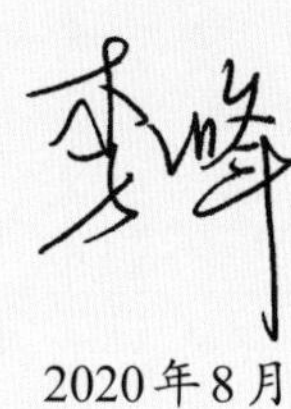

2020年8月

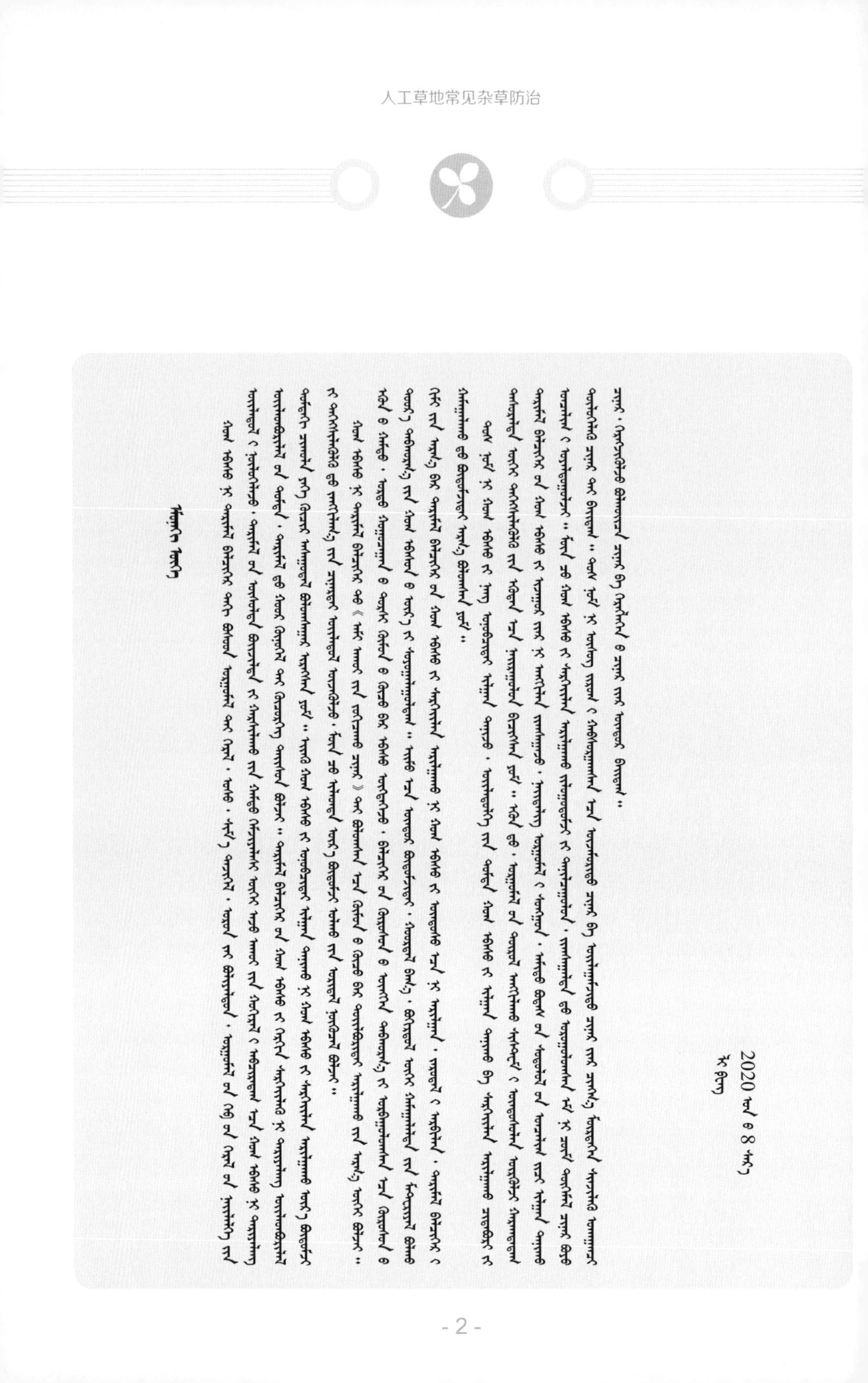

ᠡᠮᠦᠨᠡᠬᠢ ᠦᠭᠡ

[illegible]

2020 ᠣᠨ ᠤ 8 ᠰᠠᠷ᠎ᠠ

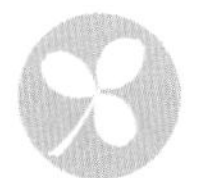

目 / 录

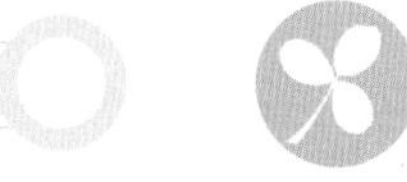

ᠭᠠᠷᠴᠠᠭ

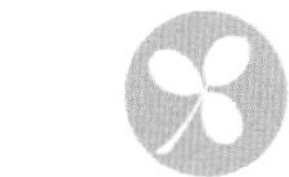

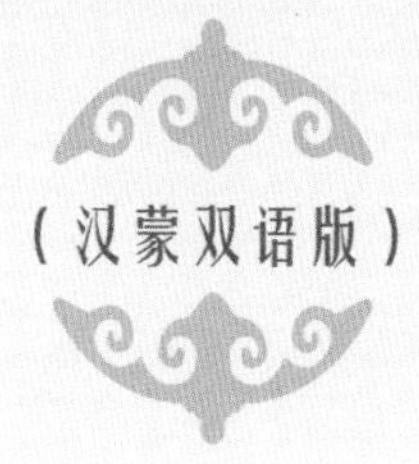

人工草地常见杂草防治

一、人工草地杂草危害

人工草地杂草一般是指草地建植过程中非有意识栽培的植物。人工草地中的杂草种类，除极少数来源于人工草地建植种子携带外，大多是农田中杂草种类的缩影。杂草是人工草地种植栽培的主要危害。

（一）杂草对人工草地有哪些危害

1. 与建植人工草地植物争夺水、肥、光能等

杂草适应性强，根系庞大，耗费水、肥能力强。据测定，每平方米人工草地在5~7月的耗水量约为54千克，而藜和猪殃殃在密植的情况下，每平方米同期的耗水量约为72千克和103千克。

2. 侵占地上和地下空间，影响正常植被光合作用

杂草种子的数量远高于人工草地的播种量，杂草的生长速度也远高于人工草地（如苜蓿）的生长速度，加上出苗早，很容易形成种群优势，阻碍人工草地建植效果。

3. 杂草是人工草地病害、虫害的中间寄主

杂草是人工草地许多病害、虫害的中间寄主。由于杂草的抗逆性强，很多病菌和害虫常常是在杂草上寄生或者越冬。一些杂草由昆虫传播得病后，再由昆虫传播至人工草地上。如稗是飞虱、叶蝉、螟虫、细菌性褐斑病的寄主，荠是白粉病、锈病的寄主。

4. 增加生产和管理成本

针对不同杂草类型所需的除草的人力、化学药剂都将大幅增加，降低人工草

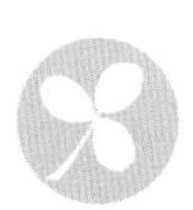

[illegible]

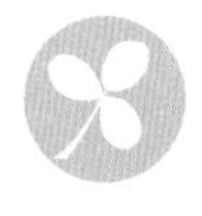

地生产的效率与产出。如不及时进行有效控制，将导致人工草地建植失败。

5. 影响人工草地的产品品质和观赏效果

在杂草生长季节，杂草比人工草地生长迅速，使得人工草地看起来参差不齐；在霜降来临后，杂草先行死亡，草地出现大片斑秃，并一直延续到翌年，成为新的杂草生长的有利空间；杂草的存在降低了人工草地的产品质量，甚至有毒杂草的存在会危害动物生产。

6. 影响人畜健康

苦荬菜、泽漆的茎含有丰富的白色汁液，碰断后一旦沾到衣服上很难清洗；蒺藜的种子容易刺伤人的皮肤；豚草（破布草）的花粉可引起部分人群花粉过敏症，使患者出现哮喘、鼻炎、类似荨麻疹等症状；苍耳的种子、毛茛的茎被误食后容易引起牲畜中毒。

（二）人工草地杂草的发生特点

1. 产生大量种子

杂草能产生大量的种子繁衍后代，如马唐、灰绿藜、马齿苋一年可产生2~3代。一株马唐、马齿苋就可以产生20 000~300 000粒种子，一株异型莎草、藜、地肤、小蓬草也可以产生几万至几十万粒种子。如果人工草地没有很好地除草，让杂草开花繁殖，必将留下数亿甚至数十亿粒种子，那么3~5年后就很难除尽了。

2. 繁殖方式复杂多样

有些杂草不但能产生大量种子，还具有无性繁殖的能力。采用无性繁殖的形式和杂草种类主要有：可以进行根蘖繁殖的苣荬菜、刺儿菜、田旋花等；可以进

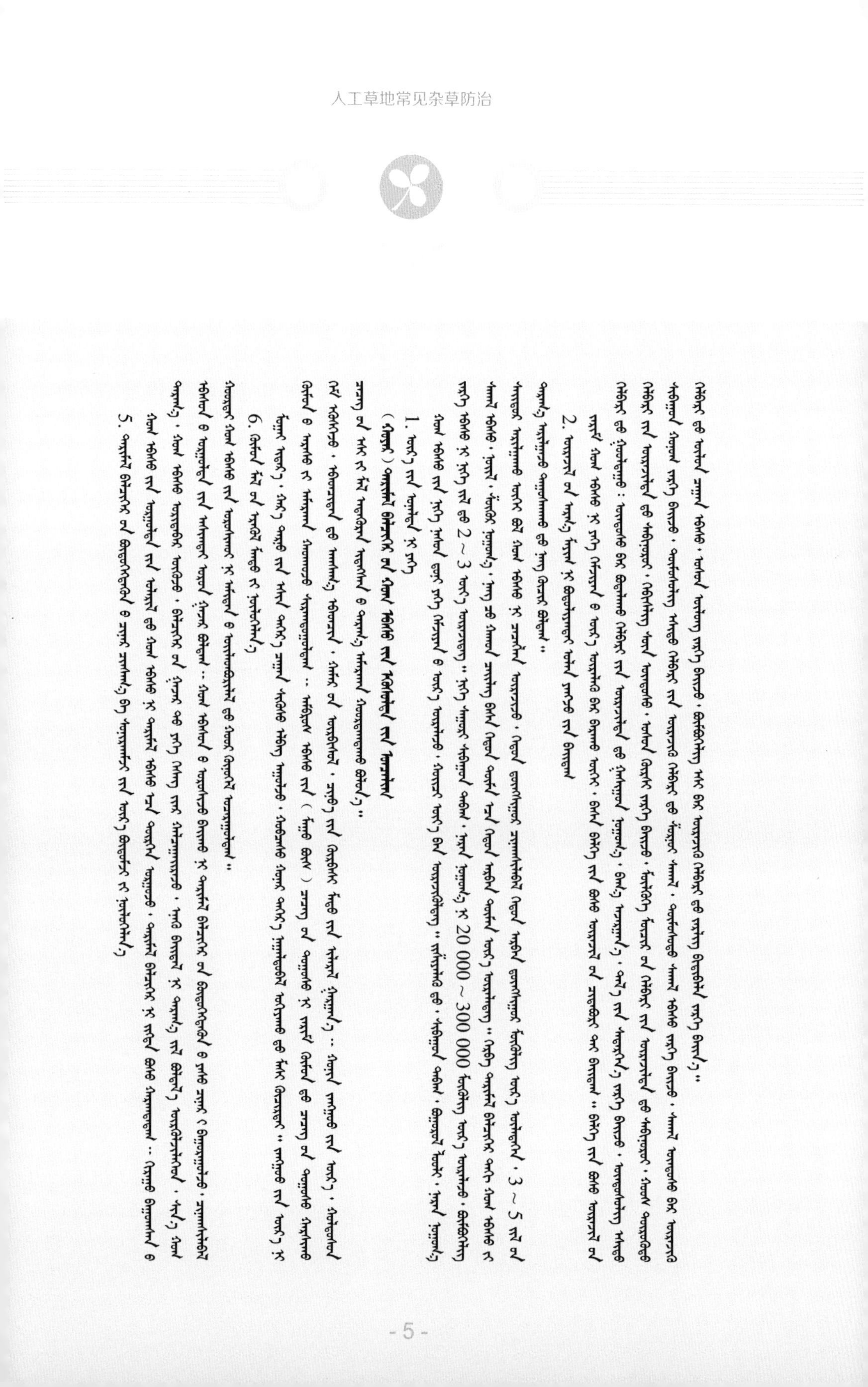

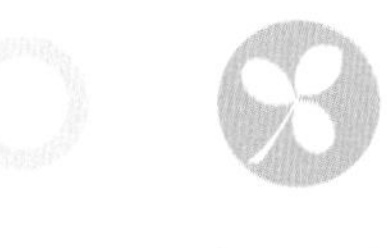

行根茎繁殖的狗牙根、牛毛毡、眼子菜等；可以进行匍匐繁殖的狗牙根、双穗雀稗等；可以进行块茎繁殖的水莎草、香附子等；可以进行须根繁殖的狼尾草、碱茅等；可以进行球茎繁殖的野慈姑等。

3. 传播方式多样性

杂草种子易脱落，具有易于传播的结构或附属物，借助风、水、人、畜等外力可以传播得很远。

4. 种子具有休眠性

导致种子具有休眠特性的原因是复杂的：有一类种子休眠是由于胚周围包被组织的限制，比如机械性的限制、水分和氧气通透性的限制以及化学抑制物的存在等，一旦将胚从种子中分离出来，其休眠性即被打破；而另一类种子休眠却是由胚本身所引起，其原因可能是某些基因或植物生长调节因子的表达，影响了一些重要代谢途径的活性，以及养分的运输或利用等。

5. 种子寿命长

根据报道，野燕麦、看麦娘、蒲公英、冰草、牛筋草的种子可存活5年；狗尾草、荠、狼尾草、苋菜、繁缕的种子可存活10年以上；狗尾草、蓼、马齿苋、龙葵、羊蹄、车前、蓟的种子可存活30年以上；反枝苋、豚草、独行菜的种子可存活40年以上。

6. 杂草的出苗、成熟期参差不齐

大部分杂草出苗不整齐。例如荠、小藜、繁缕、婆婆纳等，除最冷的1~2月和最热的7~8月外，一年四季都能出苗、开花；看麦娘、鹅肠菜、大野豌豆等在9月至翌年2~3月都能出苗，早出苗的于3月中旬开花，晚出苗的于5月下旬还能陆续开花，先后延续2个多月；又如马唐、马齿苋、牛筋草等在4月中旬开始出苗，一直延续到9月，早出苗的于6月下旬开花结果，先后相差4个月。

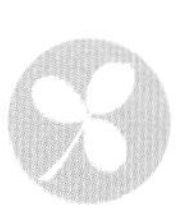

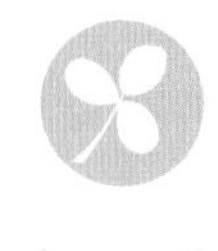

即使同株杂草开花也不整齐，禾本科杂草看麦娘、早熟禾等，穗顶端先开花，随后由上往下逐渐开花，种子成熟相差1个月左右；鹅肠菜、大野豌豆属无限花序，4月中旬开始开花，边开花边结果可延续3~4个月。种子的成熟期不一致，导致其休眠期、萌发期也不一致，这给杂草的防除带来了很大困难。

7. 杂草的竞争力强、适应性广、抗逆性强

杂草吸收光能、水、肥的能力强，生长速度快，竞争力远高于人工草地建植草种。杂草耐干旱的能力也远高于人工草地常见草种。

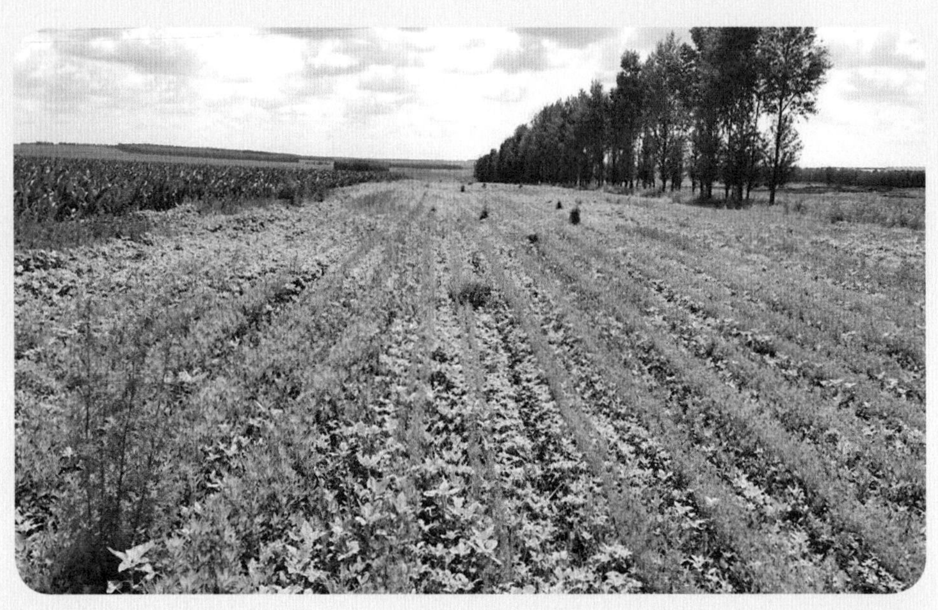

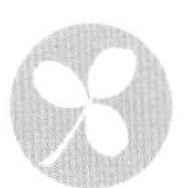

[illegible]

[illegible]

7. [illegible]

[illegible]

[illegible] 3 ~ 4 [illegible]

[illegible] 4 [illegible]

[illegible] 1 [illegible]

[illegible]

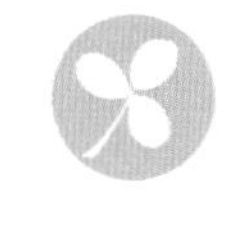

二、人工草地杂草分类

据全国农田杂草考察组调查统计，共发现杂草种类77科580种。其中水地杂草129种，占22%；旱地杂草427种，占74%；水旱地均有的杂草24种，占4%。随着人工草地面积和辐射地域的逐渐增大，在人工草地中出现的杂草种类将越来越接近以上数据。

最基本的分类法是植物学分类方法，采用界、群、亚群、纲、目、科、属、种，常用的是科、属、种、亚种与变种。根据子叶数，分为单子叶杂草和双子叶杂草。也有根据杂草发生期，分为早春杂草、晚春杂草、早秋杂草、秋冬杂草。随着气候变暖，这种分类结果与40年前调查的结果发生了很大变化。根据杂草生活型，将杂草分为一年生杂草、二年生杂草以及多年生杂草。生态学家将杂草分为旱生型杂草、湿生型杂草、沼生型杂草、水生型杂草及藻类型杂草。目前，杂草防除学的科学工作者根据除草剂的作用对象，将杂草分为三大类，即禾草、莎草及阔叶草。

目前已经统计的人工草地杂草有近450种，分属45科127属。其中菊科47种；藜科18种；禾本科9种；莎草科16种；石竹科14种；唇形科28种；蔷薇科13种；豆科27种；伞形科12种；蓼科27种；十字花科25种；毛茛科15种；茄科11种；大戟科11种；百合科8种；罂粟科7种；龙胆科7种。主要杂草有60种左右。

依据杂草对人工草地的危害程度和防治上的重要性，可以把我国的人工草地杂草分为四大类。

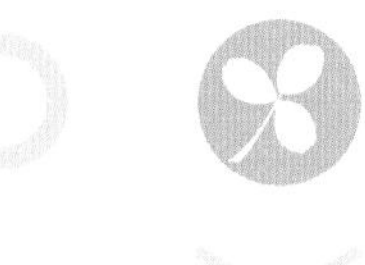

1. 重要杂草

指全国或多数省区市范围内普遍产生危害，对人工草地危害特别严重的种类，共有16种。分别是旱稗、稗、异型莎草、眼子菜、鸭舌草、雀麦、马唐、牛筋草、狗尾草、香附子、狗牙根、藜、苦荬菜、反枝苋、鹅肠菜、白茅。

按照除草剂控制杂草的类别，可以把杂草分为三大类：禾本科杂草（尖叶草）、阔叶杂草（圆叶草）、莎草科杂草（三棱草）。

禾草、莎草及阔叶草的简易区分

类　型	禾　草	莎　草	阔叶草
叶　型			
叶　脉			
茎切面			
举　例	稗	香附子	鸭舌草

注：引自Vergara，1979。

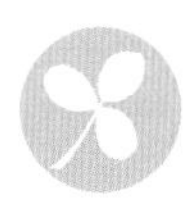

ᠡᠬᠢ ᠰᠤᠷᠪᠤᠯᠵᠢ : Vergara ᠪᠠ ᠪᠤᠰᠤᠳ ᠬᠡᠪᠯᠡᠯ·1979

ᠨᠡᠷ᠎ᠡ	ᠲᠣᠭᠣᠷᠢᠭ ᠬᠥᠩᠳᠡᠢ	ᠭᠤᠷᠪᠠᠯᠵᠢᠨ ᠬᠡᠯᠪᠡᠷᠢᠲᠡᠢ	ᠳᠥᠷᠪᠡᠯᠵᠢᠨ ᠪᠤᠶᠤ ᠲᠣᠭᠣᠷᠢᠭ
ᠢᠰ ᠦᠨ ᠬᠥᠨᠳᠡᠯᠡᠨ ᠵᠦᠰᠦᠮ			
ᠨᠠᠪᠴᠢᠨ ᠬᠡᠯᠪᠡᠷᠢ			
ᠨᠠᠪᠴᠢᠨ ᠤ ᠰᠤᠳᠠᠯ			
ᠵᠢᠱᠢᠶ᠎ᠡ ᠡᠪᠡᠰᠦ	ᠨᠠᠷᠢᠨ ᠨᠠᠪᠴᠢᠲᠤ ᠡᠪᠡᠰᠦ	ᠰᠢᠷᠡᠭᠡ ᠡᠪᠡᠰᠦ	ᠥᠷᠭᠡᠨ ᠨᠠᠪᠴᠢᠲᠤ ᠡᠪᠡᠰᠦ

ᠨᠠᠷᠢᠨ ᠨᠠᠪᠴᠢᠲᠤ ᠡᠪᠡᠰᠦ ᠂ ᠰᠢᠷᠡᠭᠡ ᠡᠪᠡᠰᠦ ᠪᠠ ᠥᠷᠭᠡᠨ ᠨᠠᠪᠴᠢᠲᠤ ᠡᠪᠡᠰᠦᠨ ᠦ ᠢᠯᠭᠠᠭᠠ ᠰᠢᠨᠵᠢ

ᠣᠯᠠᠨ ᠨᠠᠰᠤᠲᠤ ᠡᠪᠡᠰᠦ) ᠪᠣᠯᠤᠨ᠎ᠠ ᠃

ᠡᠪᠡᠰᠦ ᠶᠢᠨ ᠨᠠᠰᠤ ᠨᠢ ᠨᠢᠭᠡ ᠨᠠᠰᠤᠲᠤ ᠡᠪᠡᠰᠦ (ᠬᠠᠪᠤᠷ ᠤᠨ ᠨᠢᠭᠡ ᠨᠠᠰᠤᠲᠤ ᠡᠪᠡᠰᠦ) ᠂ ᠬᠣᠶᠠᠷ ᠨᠠᠰᠤᠲᠤ ᠡᠪᠡᠰᠦ (ᠪᠣᠭᠤᠨᠢ ᠨᠠᠰᠤᠲᠤ ᠡᠪᠡᠰᠦ) ᠂ ᠣᠯᠠᠨ ᠨᠠᠰᠤᠲᠤ ᠡᠪᠡᠰᠦ ᠶᠢᠨ ᠭᠤᠷᠪᠠᠨ ᠲᠥᠷᠥᠯ ᠳᠤ ᠬᠤᠪᠢᠶᠠᠭᠳᠠᠨ᠎ᠠ ᠃

1. ᠨᠢᠭᠡ ᠨᠠᠰᠤᠲᠤ ᠡᠪᠡᠰᠦ

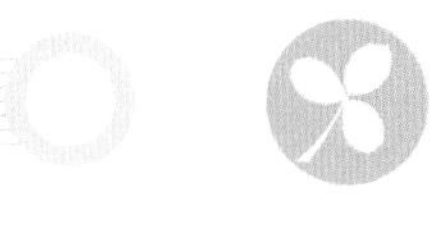

禾本科杂草：叶片长条形，叶脉平行，茎切面为圆形，根为须根系。阔叶杂草：叶片宽阔，叶脉网纹状，茎切面为圆形或方形，根为直根系，有主根。莎草科杂草：叶片长条形，叶脉平行，茎切面为三角形，根为须根系。

2. 主要杂草

指危害范围较广，对人工草地危害较为严重的杂草种类，共有21种。分别是水莎草、碎米莎草、野慈姑、节节菜、喜旱莲子草、金色狗尾草、双穗雀稗、棒头草、猪殃殃、繁缕、刺儿菜、小藜、凹头苋、马齿苋、大野豌豆菜、刺儿菜、播娘蒿、荠、千金子、虮子草、芦苇。

3. 地域性主要杂草

局部危害比较严重。

4. 次要杂草

一般不对人工草地造成严重危害。

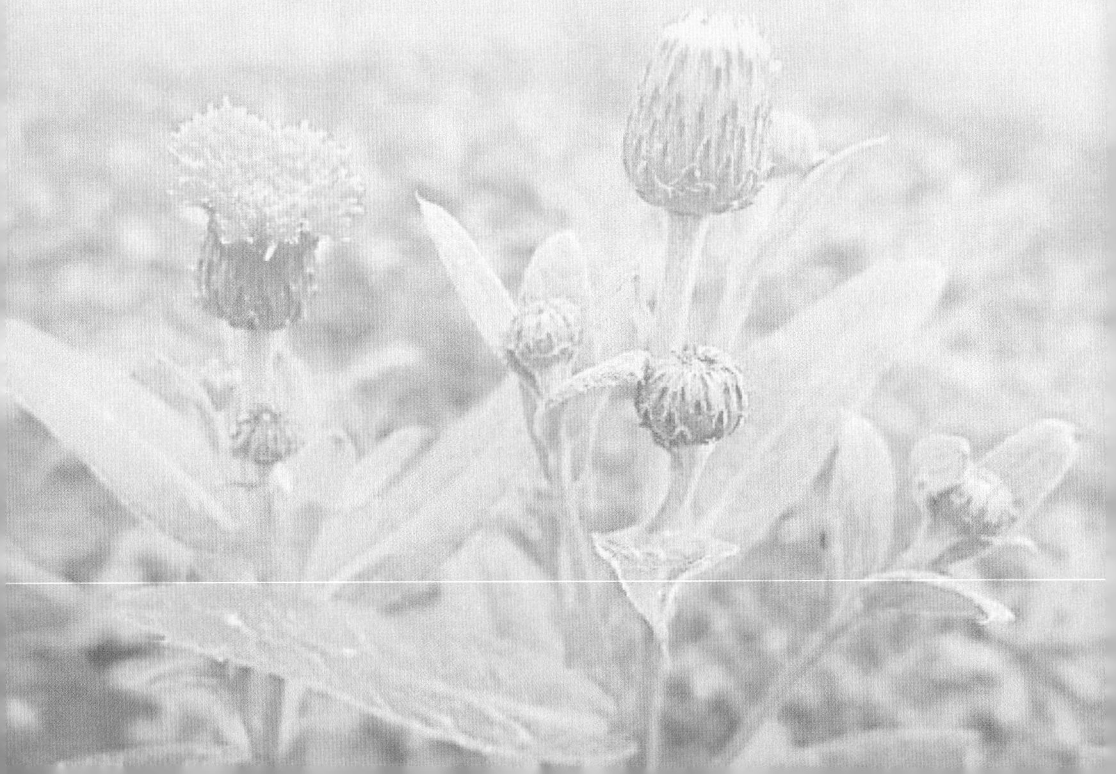

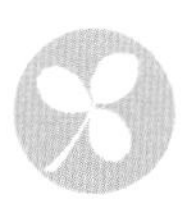

[illegible]

4. [illegible]

[illegible]

3. [illegible]

[illegible]

2. [illegible]

[illegible]

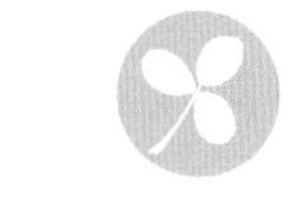

三、人工草地杂草基本分类识别与防治技术

(一)禾本科

1. 白茅

识别特征：多年生草本。秆丛生，直立，节上有长柔毛。叶片条形或条状披针形，主脉明显突出于背面；叶鞘老时在基部常破碎成纤维状；叶舌扁平，膜质。圆锥花序圆柱状，分枝短缩密集；小穗披针形或长圆形，基部密生丝状长柔毛。

防除指南：敏感除草剂有草甘膦、百草枯、高效氟吡甲禾灵等。

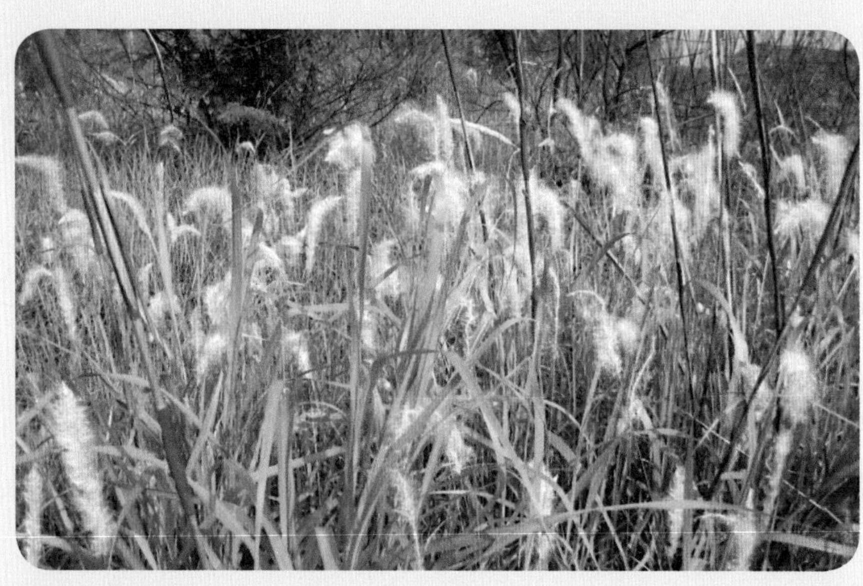

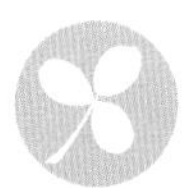

效氟吡甲禾灵) …

…(草甘膦)、… (百草枯)、… (高

1.

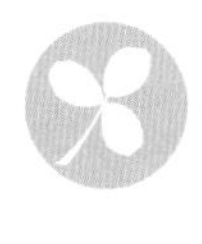

2. 棒头草

识别特征：二年生或一年生草本。秆丛生，披散或基部膝曲上升，有时近直立。叶鞘光滑无毛，叶舌膜质，叶片条形。花序圆锥状直立，分枝稠密或疏松，灰绿色或部分带紫色。颖果椭圆形。

防除指南：敏感除草剂有西玛津、草甘膦、百草枯、毒草胺、精吡氟禾草灵等。

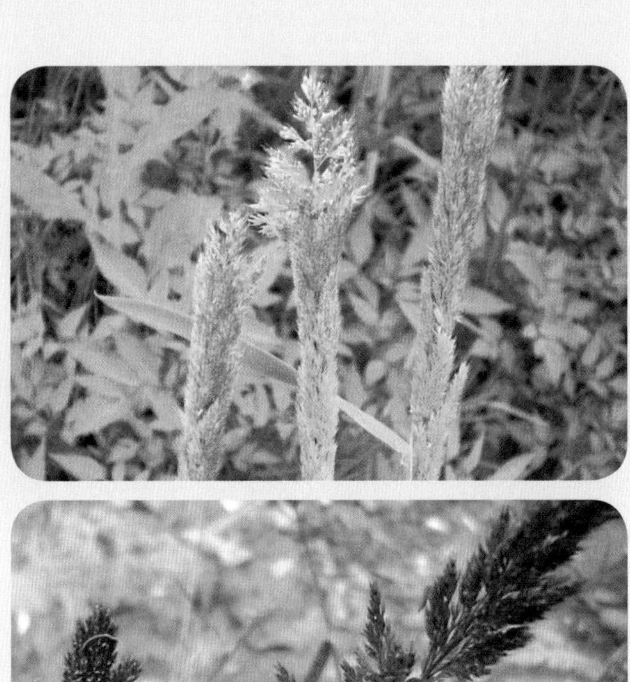

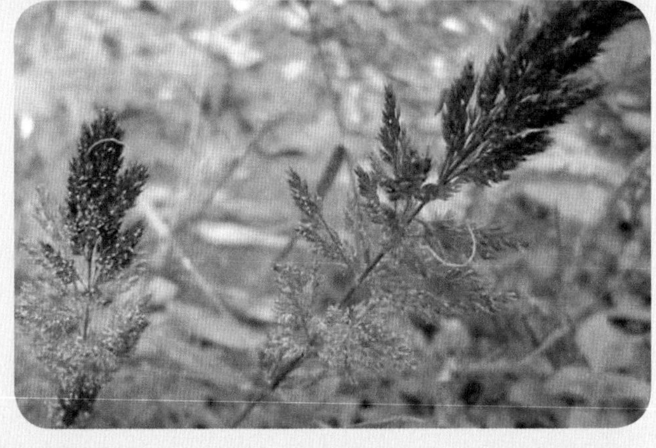

(毒草胺)᠂ [illegible] (精吡氟禾草灵) [illegible]᠃

[illegible] (西玛津)᠂ [illegible] (草甘膦)᠂ [illegible] (百草枯)᠂ [illegible]

2. [illegible]

3. 鹅观草

识别特征：多年生草本。秆丛生，直立或基部倾斜。叶鞘外侧边缘常被纤毛，叶舌截平，叶片条形。穗状花序弯垂，小穗绿色或带紫色。颖果稍扁，黄褐色。

防除指南：敏感除草剂有精喹禾灵、草甘膦、百草枯等。

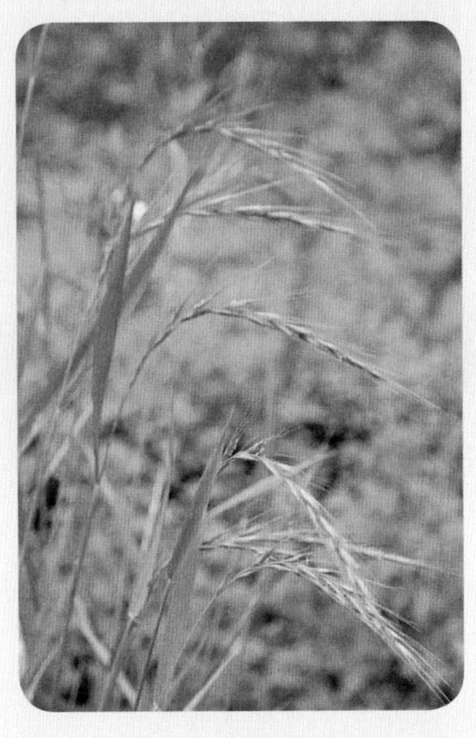

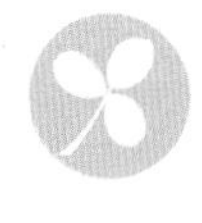

[illegible] ::

[illegible]（精喹禾灵）᠂ [illegible]（草甘膦）᠂ [illegible]（百草枯） [illegible] ::

[illegible] ::

3. [illegible]

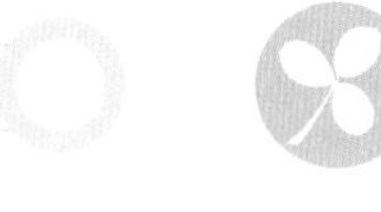

4. 狗尾草

识别特征：一年生草本。秆直立或基部膝曲上升。叶片扁平，狭披针形或条状披针形；叶鞘光滑，鞘口有柔毛；叶舌具纤毛。圆锥花序呈圆柱形，刚毛粗糙，通常绿色或褐黄色；小穗椭圆形。

防除指南：敏感除草剂有氯氟吡氧乙酸、草甘膦、百草枯、精吡氟禾草灵、乙草胺、异丙甲草胺、禾草丹、毒草胺等。

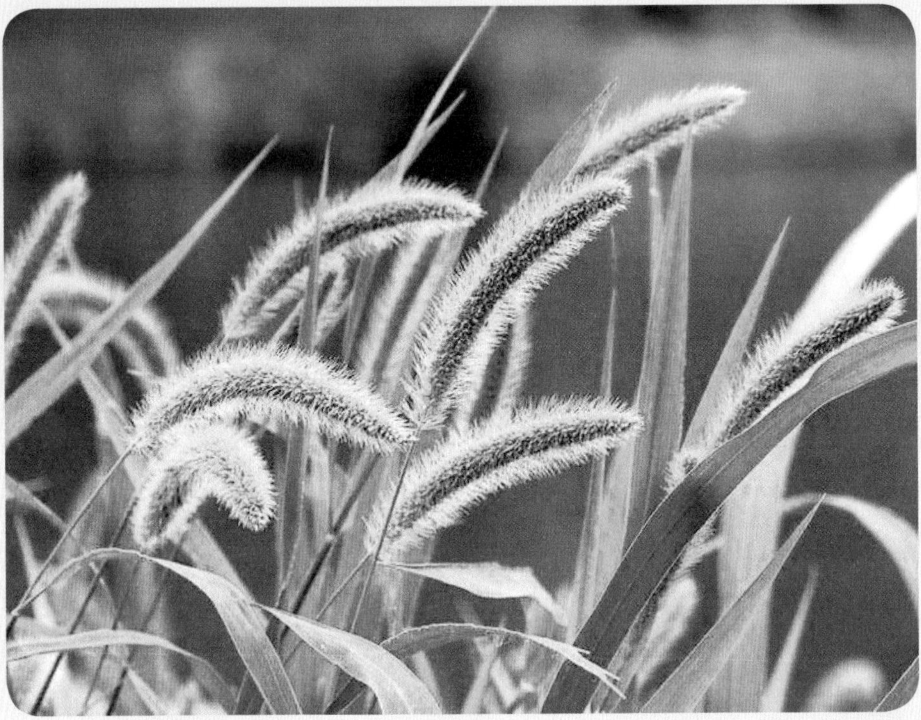

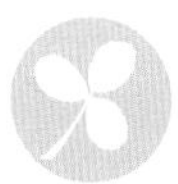

ᠰᠢᠨ᠎ᠡ (异丙甲草胺)᠂ ᠬᠣ ᠡᠪᠡᠰᠦ ᠳᠠᠨ (禾草丹)᠂ ᠬᠣᠷᠠ ᠡᠪᠡᠰᠦ ᠠᠮᠢᠨ (毒草胺) ᠵᠡᠷᠭᠡ ᠪᠣᠢ᠃
(草甘膦)᠂ ᠵᠠᠭᠤᠨ ᠡᠪᠡᠰᠦ ᠬᠠᠭᠤᠷᠠᠭᠤᠯᠤᠭᠴᠢ (百草枯)᠂ ᠨᠠᠷᠢᠨ ᠪᠢ ᠹᠦ ᠬᠣ ᠡᠪᠡᠰᠦ ᠯᠢᠩ (精吡氟禾草灵)᠂ ᠶᠢ ᠡᠪᠡᠰᠦ ᠠᠮᠢᠨ (乙草胺)᠂ ᠯᠦ ᠹᠦ ᠪᠢ ᠶᠠᠩ ᠶᠢ ᠰᠦᠨ (氯氟吡氧乙酸)᠂ ᠵᠡᠷᠭᠡ ᠪᠣᠢ᠃

ᠬᠣᠨᠢᠨ ᠰᠡᠭᠦᠯ ᠡᠪᠡᠰᠦ ᠶᠢᠨ ᠬᠣᠣᠷᠯᠠᠯ ᠢ ᠠᠷᠢᠯᠭᠠᠬᠤ ᠳᠤ ᠬᠢᠮᠢ ᠶᠢᠨ ᠠᠷᠭ᠎ᠠ ᠪᠠᠷ ᠠᠷᠢᠯᠭᠠᠵᠤ ᠪᠣᠯᠣᠨ᠎ᠠ᠃ ᠲᠠᠷᠢᠶᠠᠯᠠᠩ ᠤᠨ ᠬᠥᠷᠦᠰᠦ ᠶᠢ ᠪᠣᠯᠪᠠᠰᠤᠷᠠᠭᠤᠯᠬᠤ᠂ ᠬᠣᠭ ᠨᠣᠭᠣ ᠶᠢ ᠴᠡᠪᠡᠷᠯᠡᠬᠦ ᠵᠡᠷᠭᠡ ᠠᠷᠭ᠎ᠠ ᠪᠠᠷ ᠠᠷᠢᠯᠭᠠᠵᠤ ᠪᠣᠯᠣᠨ᠎ᠠ᠃

4. ᠬᠣᠨᠢᠨ ᠰᠡᠭᠦᠯ ᠡᠪᠡᠰᠦ

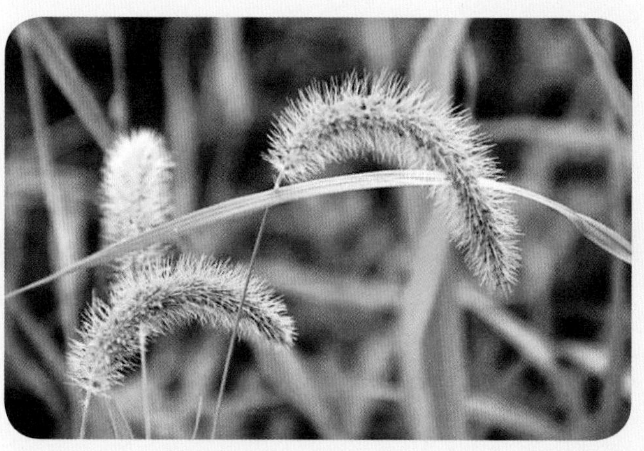

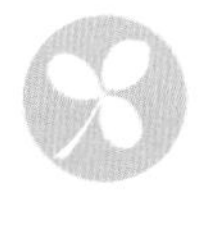

5. 狗牙根

识别特征：多年生草本。具有根状茎和匍匐茎，节处向下生根。叶片平展、披针形，叶色浓绿；叶鞘具脊；叶舌短，具小纤毛。穗状花序呈指状排列于茎顶；小穗排列于穗轴一侧，有时略带紫色。颖果长圆形。

防除指南：敏感除草剂有草甘膦、百草枯、烯草酮、高效氟吡甲禾灵等。

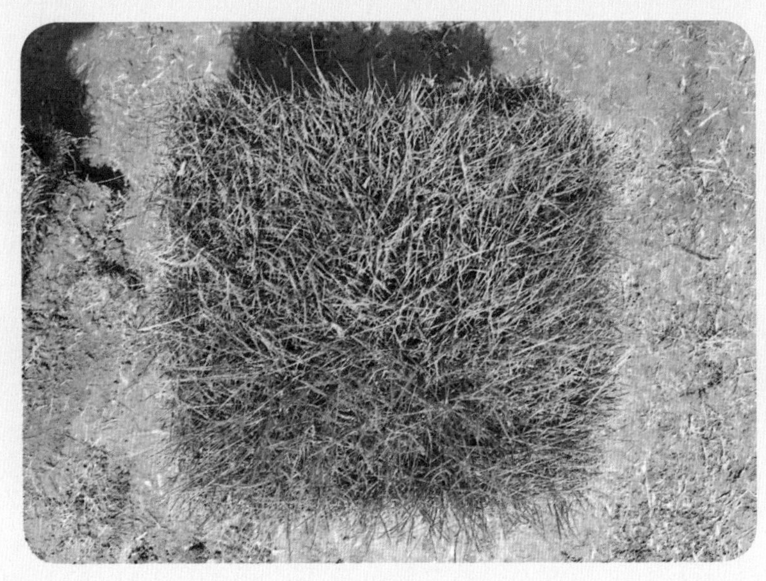

ᠲᠠᠷᠢᠶ᠎ᠠ ᠪᠠ ᠪᠣ ᠬᠣᠷ ᠤᠨ ᠦᠨᠳᠦᠷ ᠦᠷ᠎ᠡ (高效氟吡甲禾灵) ᠵᠡᠷᠭᠡ ᠃

ᠬᠡᠷᠡᠭᠯᠡᠬᠦ ᠠᠷᠭ᠎ᠠ ᠄ ᠲᠠᠷᠢᠯᠭ᠎ᠠ ᠬᠢᠬᠦ ᠶᠢᠨ ᠡᠮᠦᠨ᠎ᠡ ᠡᠪᠡᠰᠦ ᠶᠢᠨ ᠬᠣᠷ (草甘膦)᠂ ᠵᠠᠭᠤᠨ ᠡᠪᠡᠰᠦ ᠬᠣᠷ (百草枯)᠂ ᠰᠢ ᠡᠪᠡᠰᠦ ᠲᠣᠩ (烯草酮)᠂ ᠪᠤᠰᠤ ᠰᠤᠩᠭᠤᠯᠲᠠ ᠪᠠᠷ ᠪᠠᠷᠠᠭᠤᠨ ᠬᠣᠷᠤᠨ ᠤ ᠡᠮ ᠢ ᠬᠡᠷᠡᠭᠯᠡᠵᠦ ᠪᠣᠯᠬᠤ ᠦᠭᠡᠢ ᠃ ᠡᠨᠡ ᠨᠢ ᠬᠣᠷᠤᠨ ᠤ ᠡᠮ ᠢ ᠰᠢᠭᠢᠭᠡᠬᠦ ᠪᠣᠯᠤᠨ ᠦᠢᠯᠡᠳᠦᠯ ᠦᠨ ᠪᠦᠲᠦᠭᠡᠭᠳᠡᠬᠦᠨ ᠢ ᠬᠣᠷᠤ ᠲᠤ ᠵᠢᠷᠤᠯᠠᠬᠤ ᠪᠣᠯᠤᠨ ᠦᠷᠡ ᠶᠢᠨ ᠰᠣᠨᠢᠷᠬᠠᠯ ᠢ ᠪᠠᠭᠤᠷᠠᠭᠤᠯᠬᠤ᠂ ᠬᠣᠷᠤᠨ ᠤ ᠦᠷ᠎ᠡ ᠳᠦ ᠬᠣᠷᠤᠨ ᠤ ᠨᠥᠯᠦᠭᠡᠯᠡᠯ ᠢ ᠦᠵᠡᠭᠦᠯᠬᠦ ᠦᠭᠡᠢ ᠂ ᠪᠦᠷᠢᠨ ᠦᠷ᠎ᠡ ᠶᠢᠨ ᠲᠠᠷᠢᠯᠭ᠎ᠠ ᠪᠠ ᠬᠠᠷᠢᠭᠤᠯᠬᠤ ᠲᠤᠬᠠᠢ᠂ ᠲᠠᠷᠢᠯᠭ᠎ᠠ ᠶᠢᠨ ᠬᠡᠮᠵᠢᠶ᠎ᠡ ᠶᠢ ᠲᠣᠬᠢᠷᠠᠭᠤᠯᠬᠤ ᠬᠡᠷᠡᠭᠲᠡᠢ ᠪᠣᠯᠤᠨ᠎ᠠ ᠃ ᠲᠠᠷᠢᠯᠭ᠎ᠠ ᠶᠢᠨ ᠳᠠᠷᠠᠭ᠎ᠠ ᠬᠣᠷᠤᠨ ᠤ ᠡᠮ ᠢ ᠬᠡᠷᠡᠭᠯᠡᠬᠦ ᠦᠭᠡᠢ᠂ ᠬᠡᠷᠪᠡ ᠬᠡᠷᠡᠭᠯᠡᠬᠦ ᠪᠣᠯ ᠬᠣᠷᠤᠨ ᠤ ᠡᠮ ᠦᠨ ᠬᠡᠮᠵᠢᠶ᠎ᠡ ᠶᠢ ᠬᠠᠷᠭᠠᠯᠵᠠᠬᠤ ᠬᠡᠷᠡᠭᠲᠡᠢ ᠃

5. ᠬᠣᠷᠢᠭᠯᠠᠯ

6. 荩草

识别特征：一年生草本。秆细弱，多节，多分枝，无毛，基部倾斜。叶片卵状披针形，基部心形抱茎，下部边缘生纤毛。总状花序呈指状排列或簇生于茎顶；无柄小穗长卵状披针形，灰绿色或带紫色。颖果长圆形。

防除指南：敏感除草剂有精吡氟禾草灵、高效氟吡甲禾灵、草甘膦、百草枯等。

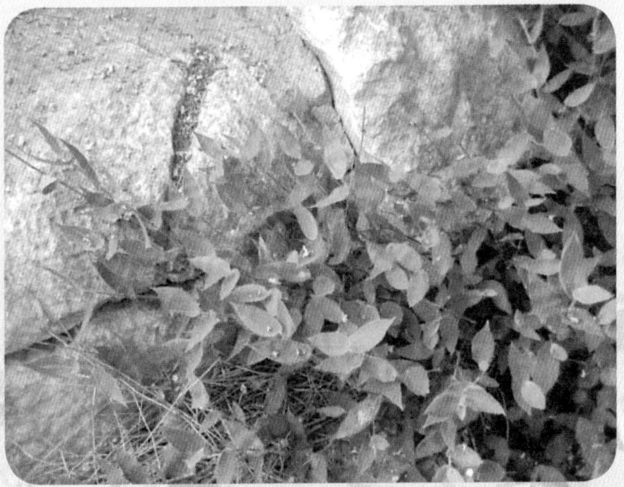

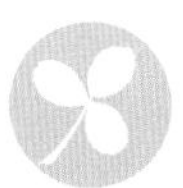

ᠡᠮ (高效氟吡甲禾灵)᠂ ᠭᠠᠯ ᠤᠨ ᠡᠮ (草甘膦)᠂ ᠡᠪᠡᠰᠦ ᠶᠢ ᠬᠠᠭᠤᠷᠠᠭᠤᠯᠬᠤ ᠡᠮ (百草枯) ᠵᠡᠷᠭᠡ ᠪᠣᠯᠤᠨ᠎ᠠ ᠃

ᠬᠡᠷᠡᠭᠯᠡᠬᠦ ᠠᠷᠭ᠎ᠠ ᠬᠡᠮᠵᠢᠶ᠎ᠡ᠄ [illegible] (精吡氟禾草灵)᠂ [illegible] ᠃

[illegible] ᠃

6. [illegible]

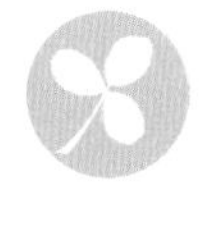

7. 看麦娘

识别特征：二年生或一年生草本。秆少数丛生，细瘦，光滑，节处常膝曲。叶鞘光滑，短于节间；叶舌膜质；叶片扁平。圆锥花序呈圆柱形，灰绿色；小穗椭圆形或卵状椭圆形，密集于穗轴之上；花药橙黄色。颖果长椭圆形。

防除指南：敏感除草剂有精吡氟禾草灵、异丙隆、精噁唑禾草灵、高效氟吡甲禾灵等。

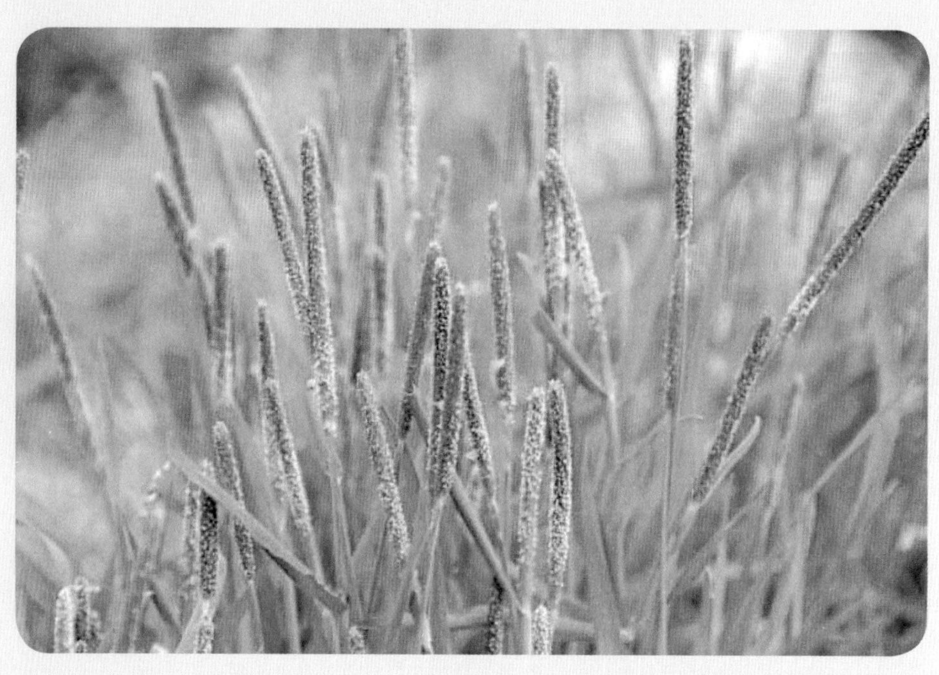

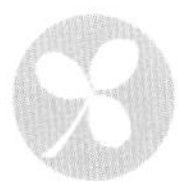

ᠭᠠᠤ ᠰᠢᠶᠣᠣ ᠹᠦ ᠪᠢ ᠵᠢᠶᠠ ᠬᠧ ᠯᠢᠩ（高效氟吡甲禾灵）、ᠵᠢᠩ ᠪᠢ ᠹᠦ ᠬᠧ ᠼᠤᠤ ᠯᠢᠩ（精吡氟禾草灵）、ᠢ ᠪᠢᠩ ᠯᠦᠩ（异丙隆）、ᠵᠢᠩ ᠣᠧ ᠽᠤᠸᠧ ᠬᠧ ᠼᠤᠤ ᠯᠢᠩ（精噁唑禾草灵）[illegible]

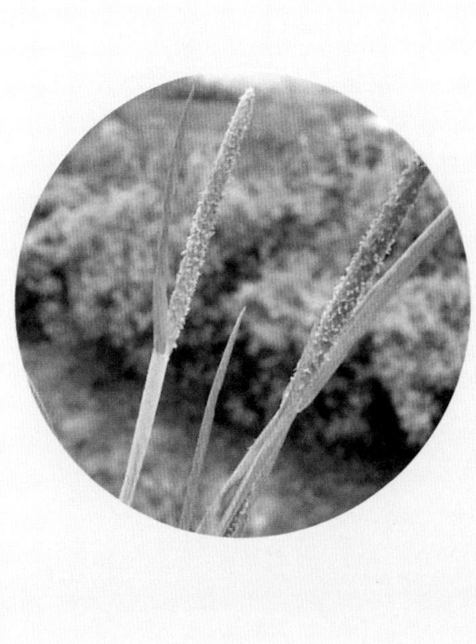

7. ᠬᠠᠮᠬᠠᠭ ᠦᠪᠡᠰᠦ

8. 马唐

识别特征：一年生草本。秆基部倾斜，着地后节处易生根，光滑无毛。叶片条状披针形，两面疏生软毛或无毛；叶鞘较节间短，多生具疣基的软毛；叶舌钝圆膜质。总状花序呈指状排列，下部的近轮生。颖果椭圆形，透明。

防除指南：敏感除草剂有草甘膦、精吡氟禾草灵、百草枯、敌草胺、禾草丹等。

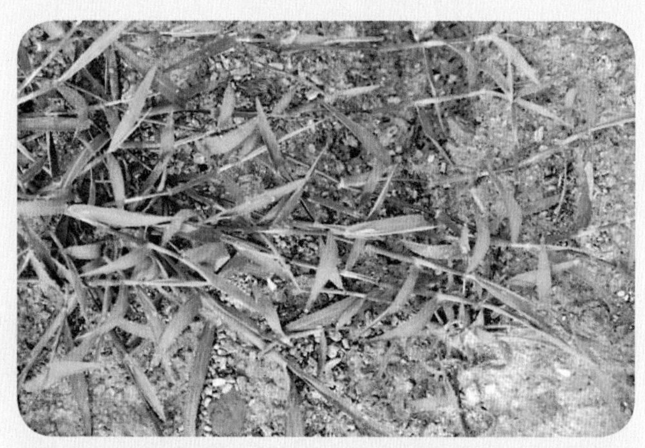

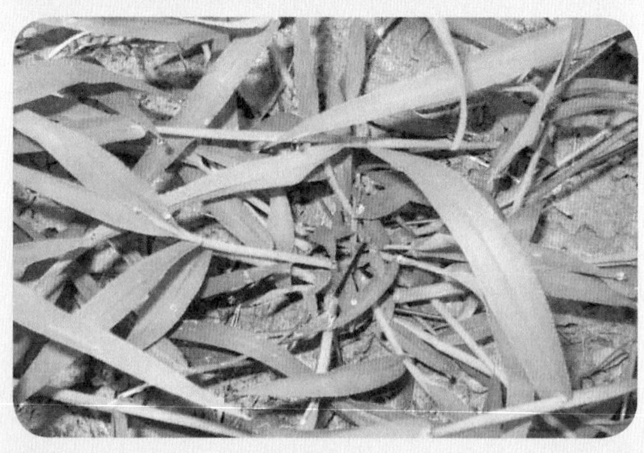

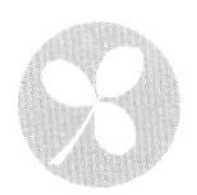

(百草枯)· ᠪᠠ ᠡᠪᠡᠰᠦᠨ ᠦ (敌草胺)· ᠲᠠᠷᠢᠶᠠᠨ ᠡᠪᠡᠰᠦᠨ ᠦ (禾草丹) ᠵᠡᠷᠭᠡ ᠪᠣᠢ ::

ᠰᠣᠩᠭᠣᠨ ᠰᠣᠩᠭᠣᠬᠤ ᠦᠢᠯᠡᠴᠢᠯᠡᠯ ᠲᠡᠢ : ᠡᠨᠡ ᠲᠥᠷᠥᠯ ᠦᠨ ᠡᠮ ᠳᠦ ᠡᠪᠡᠰᠦᠨ ᠦ (草甘膦)· ᠵᠡᠷᠭᠡ ᠪᠠ ᠲᠠᠷᠢᠶᠠᠨ ᠡᠪᠡᠰᠦᠨ ᠦ (精吡氟禾草灵)· ᠪᠠ ᠡᠪᠡᠰᠦᠨ ᠦ ᠪᠠᠷᠠᠭᠤᠯᠬᠤ ᠡᠮ ᠵᠡᠷᠭᠡ ᠪᠠᠭᠲᠠᠨ᠎ᠠ ::

ᠬᠡᠷᠡᠭᠯᠡᠬᠦ ᠠᠷᠭ᠎ᠠ ::

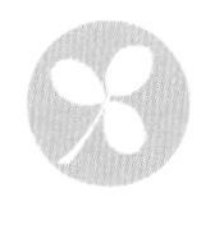

9. 牛筋草

识别特征：一年生草本。秆丛生、斜生或偃卧，有时近直立。叶片条形；叶鞘扁，鞘口具柔毛；叶舌短。穗状花序2~7枚，呈指状排列在秆端；小穗成双行密生在穗轴的一侧。颖果卵形，棕色至黑色，具明显的波状皱纹。

防除指南：敏感除草剂有异丙甲草胺、草甘膦、精吡氟禾草灵、精喹禾灵、高效氟吡甲禾灵等。

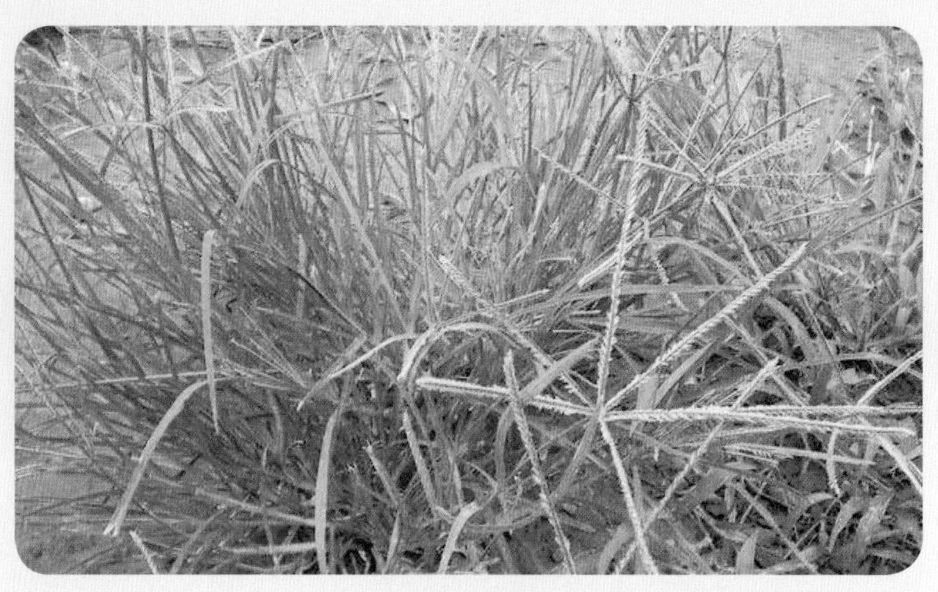

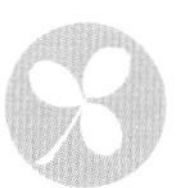

9. ᠪᠣᠳᠣᠭᠠᠨ ᠲᠠᠷᠢᠮᠠᠯ ᠡᠪᠡᠰᠦ

ᠨᠢᠭᠡ ᠨᠠᠰᠤᠲᠤ ᠡᠪᠡᠰᠦ ᠤᠷᠭᠤᠮᠠᠯ ᠪᠣᠯᠤᠨ᠎ᠠ ᠃ ᠢᠳᠡᠭᠡᠨ ᠲᠠᠷᠢᠮᠠᠯ ᠤᠨ ᠬᠦᠴᠦᠨ ᠴᠢᠳᠠᠯ ᠢ ᠪᠠᠭᠤᠷᠠᠭᠤᠯᠵᠤ ᠂ ᠭᠠᠭᠴᠠ ᠪᠤᠶᠤ ᠣᠯᠠᠨ ᠠᠪᠢᠶᠠᠨ ᠤ ᠣᠷᠴᠢᠨ ᠢ ᠡᠵᠡᠯᠡᠨ ᠡᠯᠳᠡᠪ ᠤᠨ ᠳᠤ ᠬᠣᠣᠷ ᠲᠠᠢ ᠃ ᠤᠷᠭᠤᠮᠠᠯ ᠤᠨ ᠥᠨᠳᠦᠷ ᠢ 2 ~ 7 ᠰᠠᠢᠢᠨ ᠲᠣ ᠂ ᠭᠤᠷᠪᠠ ᠨᠠᠰᠤ ᠲᠠᠢ ᠪᠠᠯᠠᠭᠠ ᠤᠨ ᠬᠠᠭᠤᠳᠠᠰᠤ ᠲᠠᠢ ᠪᠣᠯᠬᠤ ᠦᠶ᠎ᠡ ᠳᠦ ᠭᠠᠷᠭᠠᠨ ᠴᠠᠴᠤᠵᠤ ᠂ ᠰᠠᠶᠢᠨ ᠦᠷ᠎ᠡ ᠳᠦ ᠬᠦᠷᠲᠡᠯ᠎ᠡ ᠦᠷᠭᠦᠯᠵᠢ ᠲᠣᠭᠤᠷᠢᠭᠤᠯᠵᠤ ᠪᠣᠯᠤᠨ᠎ᠠ ᠃

ᠡᠮ ᠦᠨ ᠲᠠᠷᠢᠮᠠᠯ ᠤᠰᠠᠳᠬᠠᠬᠤ ᠡᠮ ᠢ ᠬᠡᠷᠡᠭᠯᠡᠵᠦ ᠪᠣᠯᠬᠤ ᠪᠡᠷ ᠲᠣᠭᠤᠷᠢᠭᠤᠯᠵᠤ ᠂ ᠵᠢᠱᠢᠶᠡᠯᠡᠪᠡᠯ ᠴᠣᠤ ᠭᠠᠨ ᠯᠢᠨ(草甘膦)、ᠵᠢᠩ ᠪᠢ ᠹᠦ ᠾᠧ ᠴᠣᠤ ᠯᠢᠩ(精吡氟禾草灵)、ᠵᠢᠩ ᠺᠦᠢ ᠾᠧ ᠯᠢᠩ(精喹禾灵)、ᠢ ᠪᠢᠩ ᠵᠢᠶᠠ ᠴᠣᠤ ᠠᠨ(异丙甲草胺)、ᠭᠠᠣ ᠰᠢᠶᠣᠣ ᠹᠦ ᠪᠢ ᠵᠢᠶᠠ ᠾᠧ ᠯᠢᠩ(高效氟吡甲禾灵) ᠵᠡᠷᠭᠡ ᠪᠣ᠃

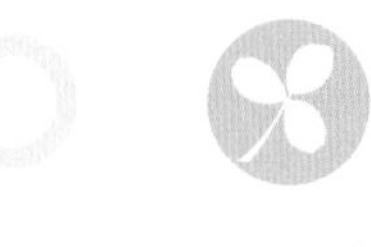

10. 雀麦

识别特征：二年生或一年生草本。秆丛生，直立。叶片长条形，两面被白色柔毛；叶鞘紧密贴生于秆，外被柔毛。圆锥花序开展，下垂；小穗幼时圆筒状，成熟后压扁。颖果线状长圆形，压扁，成熟后紧贴于内外稃。

防除指南：敏感除草剂有异丙甲草胺、草甘膦、精吡氟禾草灵、烯禾啶等。

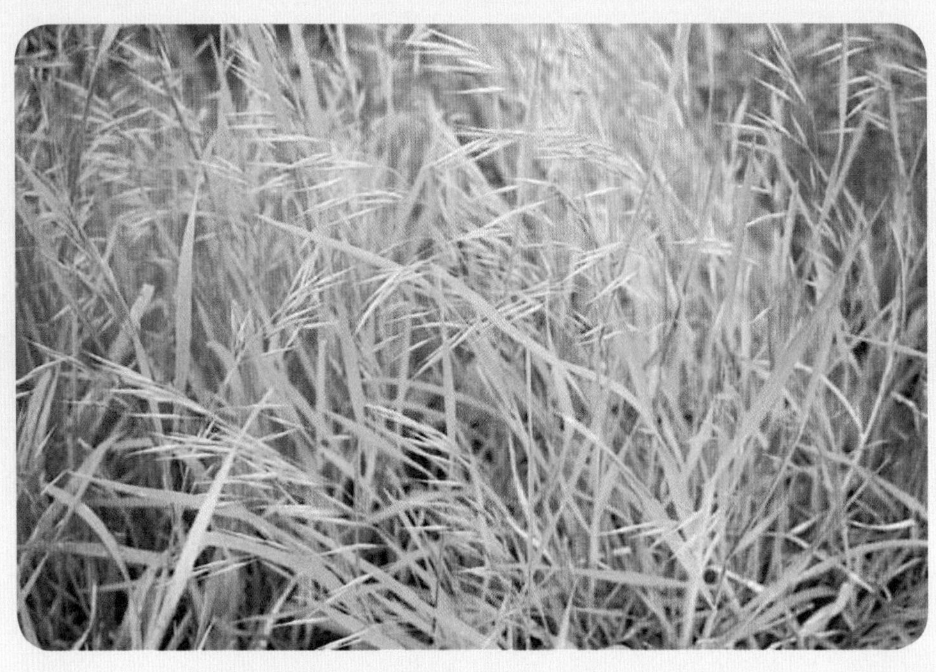

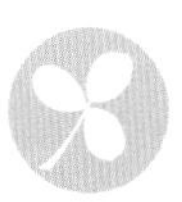

10. ᠬᠣᠨᠢᠨ ᠰᠡᠭᠡᠯ

ᠬᠣᠷᠣ ᠬᠣᠨᠤᠭᠤ ᠶᠢᠨ ᠦᠷᠭᠦᠯᠵᠢ ᠲᠠᠷᠢᠮᠠᠯ ᠤᠨ ᠪᠦᠲᠦᠭᠡᠭᠳᠡᠬᠦᠨ ᠢ ᠪᠠᠭᠤᠷᠠᠭᠤᠯᠵᠤ ᠂ ᠡᠪᠡᠰᠦ ᠲᠠᠷᠢᠶ᠎ᠠ ᠶᠢᠨ ᠴᠢᠨᠠᠷ ᠢ ᠮᠠᠭᠤᠳᠬᠠᠨ᠎ᠠ ᠂ ᠮᠠᠯ ᠤᠨ ᠠᠮᠠ ᠶᠢ ᠭᠡᠮᠲᠡᠭᠡᠨ᠎ᠡ ᠂ ᠬᠡᠳᠦᠢ ᠴᠢ ᠪᠣᠯ ᠳᠠᠭᠤᠰᠤᠯ ᠲᠠᠷᠢᠮᠠᠯ ᠳᠤ ᠬᠣᠣᠷ ᠲᠠᠢ ᠪᠣᠯᠭᠠᠨ᠎ᠠ ᠄ ᠡᠮ ᠤᠨ ᠬᠣᠣᠷ ᠲᠠᠢ ᠨᠣᠮ ᠤᠨ ᠬᠠᠷᠢᠭᠤ ᠳᠤ ᠪᠠᠷᠢᠮᠲᠠᠯ ᠪᠣᠯᠭᠠᠨ᠎ᠠ ᠄ ᠡᠮ ᠢ ᠨᠣᠮ ᠤᠨ ᠪᠠᠷᠢᠮᠲᠠ ᠪᠣᠯᠭᠠᠨ᠎ᠠ ᠄

ᠬᠢᠮᠢ ᠶᠢᠨ ᠠᠷᠭ᠎ᠠ ᠪᠠᠷ ᠠᠷᠢᠯᠭᠠᠬᠤ ᠄ ᠶᠡᠷᠦᠩᠬᠡᠢ ᠬᠡᠷᠡᠭᠯᠡᠳᠡᠭ ᠡᠪᠡᠰᠦ ᠠᠷᠢᠯᠭᠠᠬᠤ ᠡᠮ ᠨᠢ ᠢ ᠪᠢᠩ ᠵᠢᠶᠠ ᠼᠠᠤ ᠠᠨ (异丙甲草胺)、ᠼᠠᠤ ᠭᠠᠨ ᠯᠢᠨ (草甘膦)、ᠵᠢᠩ ᠪᠢ ᠹᠦ ᠾᠧ ᠼᠠᠤ ᠯᠢᠩ (精吡氟禾草灵)、ᠰᠢ ᠾᠧ ᠳᠢᠩ (烯禾啶) ᠵᠡᠷᠭᠡ ᠪᠣᠢ ::

11. 䓣草

识别特征：二年生或一年生草本。秆丛生，直立，不分枝。叶鞘无毛，多长于节间；叶片阔条形；叶舌透明、膜质。圆锥花序狭窄，多数直立；小穗两侧压扁，近圆形，灰绿色。颖果极小，黄褐色，长圆形。

防除指南：敏感除草剂有烯禾啶、草甘膦、百草枯、氟乐灵、精吡氟禾草灵、甲基二磺隆等。

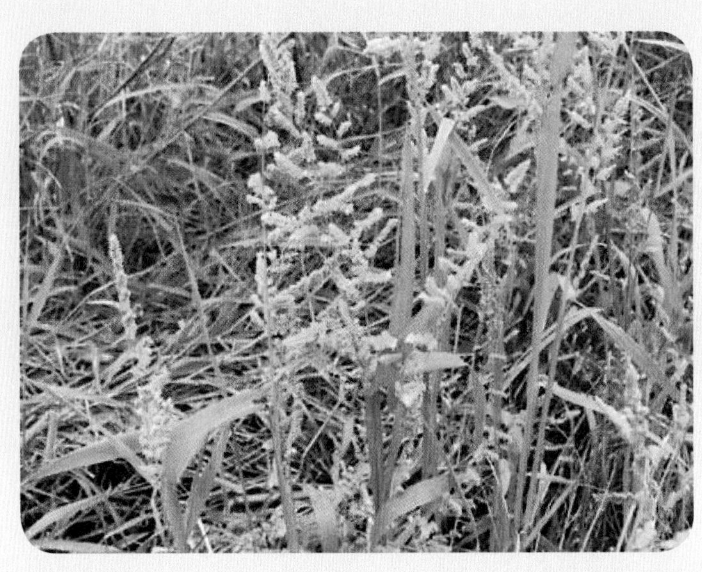

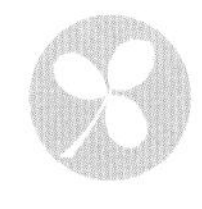

(氟乐灵)᠂ ᠵᠢᠩ ᠪᠢ ᠹᠦ ᠾᠧ ᠴᠣᠣ ᠯᠢᠩ (精吡氟禾草灵)᠂ ᠵᠢᠶ᠎ᠠ ᠵᠢ ᠡᠷ ᠬᠤᠸᠠᠩ ᠯᠦᠩ (甲基二磺隆) ᠵᠡᠷᠭᠡ ᠪᠤᠢ ::
ᠬᠤᠪᠢᠷᠠᠭᠤᠯᠤᠯᠲᠠ ᠶᠢᠨ ᠦᠢᠯᠡᠳᠪᠦᠷᠢ ᠳᠦ : ᠬᠡᠷᠡᠭᠯᠡᠬᠦ ᠬᠡᠮᠵᠢᠶ᠎ᠡ ᠪᠠᠨ ᠰᠢ ᠾᠧ ᠳ᠋ᠢᠩ (烯禾啶)᠂ ᠴᠣᠣ ᠭᠠᠨ ᠯᠢᠨ (草甘膦)᠂ ᠪᠠᠢ ᠴᠣᠣ ᠺᠦ (百草枯)᠂ ᠪᠠ ᠲᠠ ᠯᠢᠩ

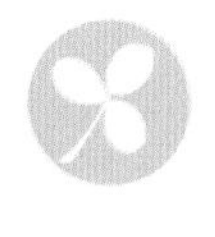

12. 无芒稗

识别特征：一年生草本。秆高50~120厘米，直立，粗壮。叶片长20~30厘米，宽6~12毫米。圆锥花序直立，长10~20厘米，分枝斜上举而开展，常再分枝；小穗卵状椭圆形，长约3毫米，无芒或具极短芒，芒长不超过0.5毫米，脉上被疣基硬毛。

防除指南：敏感除草剂有草甘膦、百草枯、禾草丹、甲草胺、敌稗、异丙甲草胺等。

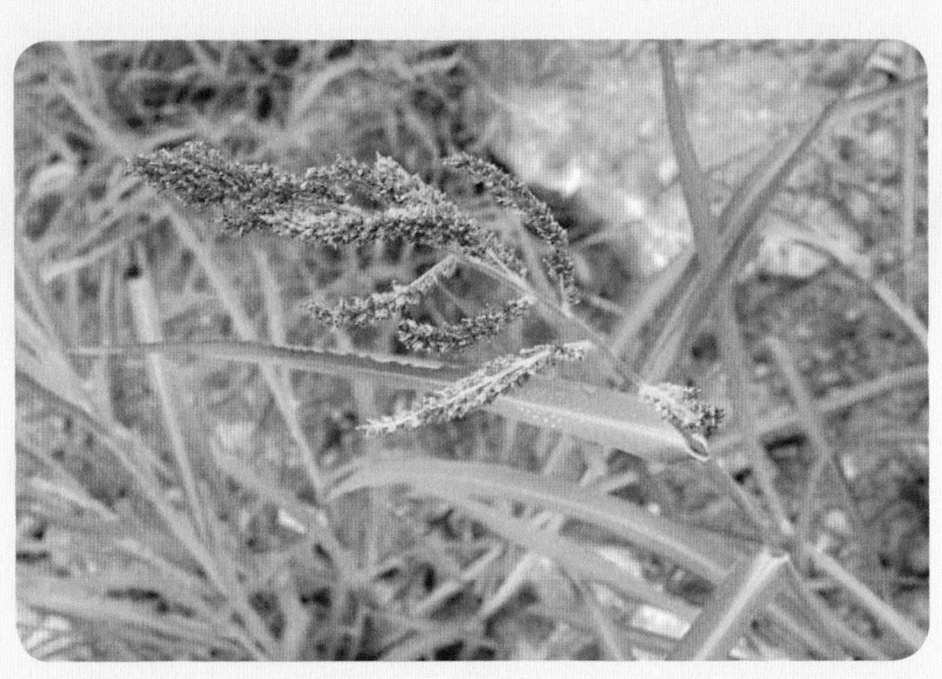

ᠵᠢᠶᠠᠴᠣᠣ ᠠᠨ (甲草胺)᠂ ᠳᠢ ᠪᠢ (敌稗)᠂ ᠶᠢ ᠪᠢᠩ ᠵᠢᠶᠠᠴᠣᠣ ᠠᠨ (异丙甲草胺) ᠵᠡᠷᠭᠡ ᠪᠠᠢ᠃

ᠲᠡᠭᠦᠨ ᠴᠠᠭᠠᠰᠢ ᠬᠦᠷᠲᠡᠯ᠎ᠡ᠄ ᠵᠢᠱᠢᠶᠡ ᠪᠣᠯ ᠴᠣᠣ ᠭᠠᠨ ᠯᠢᠨ (草甘膦)᠂ ᠪᠠᠢ ᠴᠣᠣ ᠺᠦ (百草枯)᠂ ᠾᠧ ᠴᠣᠣ ᠳᠠᠨ (禾草丹)᠂ ᠲᠡᠭᠦᠨ ᠴᠢᠯᠠᠭᠤ ᠪᠠᠢ᠃

13. 野燕麦

识别特征：二年生或一年生草本。秆直立，单生或丛生。叶鞘光滑或基部被柔毛；叶舌膜质、透明；叶片宽条状。圆锥花序呈塔形开展，分枝轮生，疏生小穗；小穗梗细长而向下弯垂。颖果长圆形，被浅棕色柔毛。

防除指南：合理组织作物轮作换茬，播前精选种子，适时中耕除草。敏感除草剂有野麦畏、精噁唑禾草灵、氧氟·乙草胺、甲基二磺隆、百草枯等。

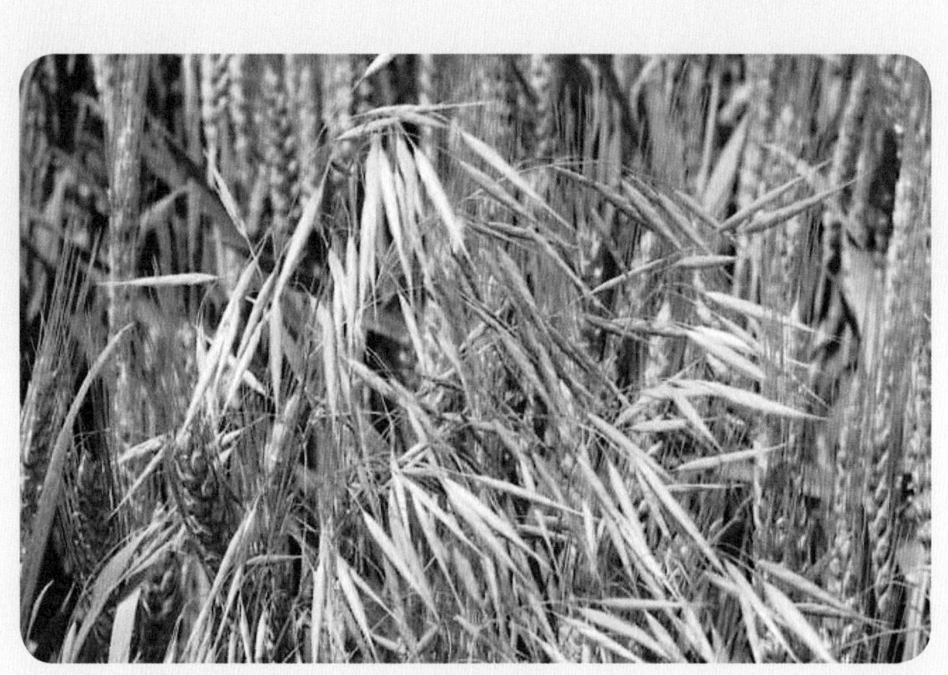

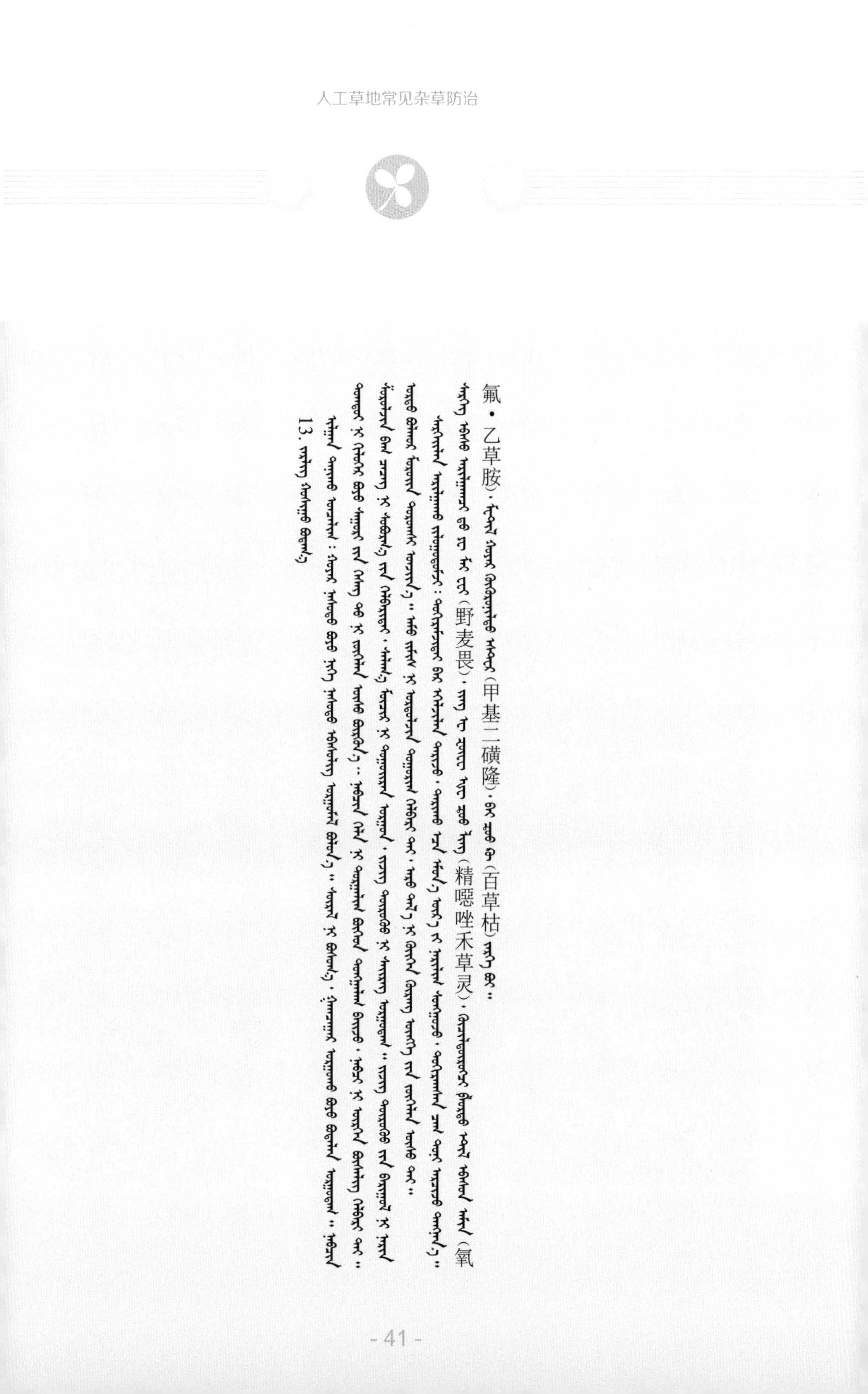

氟·乙草胺)· [illegible] (甲基二磺隆)· [illegible] (百草枯) ᠵᠡᠷᠭᠡ ᠪᠣᠢ ::

[illegible] (野麦畏)· [illegible] (精噁唑禾草灵)· [illegible] (氧

[illegible]

13. [illegible]

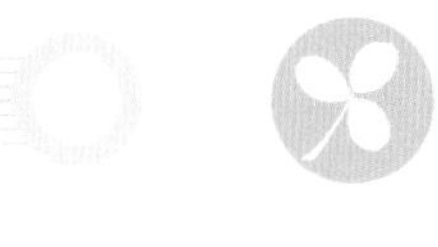

14. 早熟禾

识别特征：一年生草本。秆直立或倾斜，质软。叶片扁平、柔弱、细长；叶鞘中部以下闭合，平滑无毛；叶舌膜质。圆锥花序展开，呈金字塔形；小穗绿色。颖果近纺锤形。

防除指南：敏感除草剂有氟乐灵、高效氟吡甲禾灵、氧氟·乙草胺、二甲戊灵等。

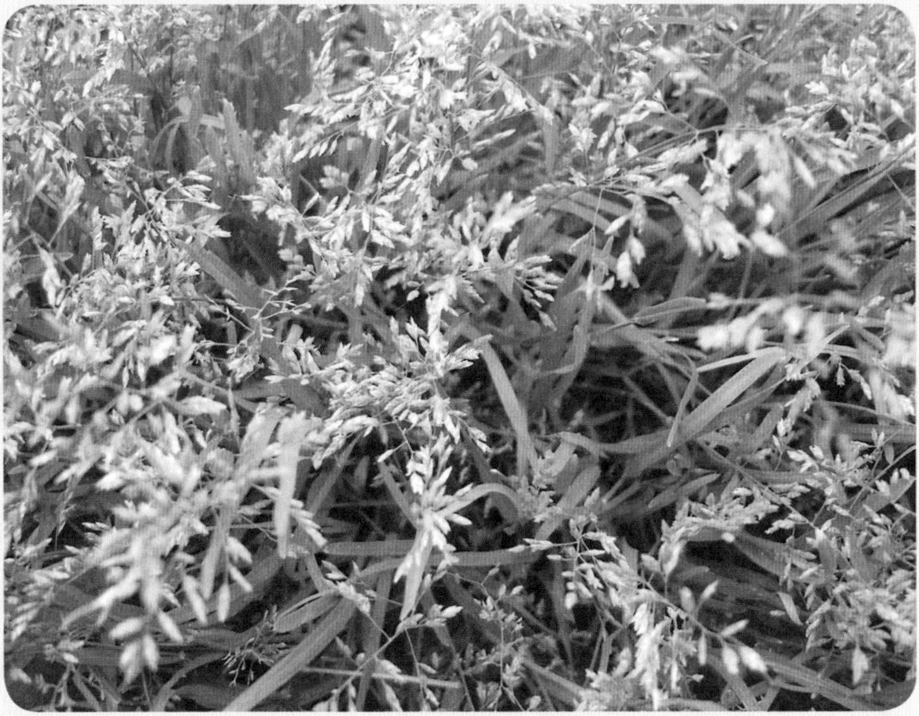

ᠪᠣᠯᠪᠠᠰᠤᠷᠠᠭᠤᠯᠬᠤ ᠪᠣᠳᠠᠰ ᠢᠶᠠᠷ ᠬᠣᠭ ᠢ ᠮᠠᠨ (氧氟・乙草胺)᠂ ᠡᠷ ᠵᠢᠶᠠ ᠦ ᠯᠢᠩ (二甲戊灵) ᠵᠡᠷᠭᠡ ᠪᠣᠯᠤᠨ᠎ᠠ ::
ᠰᠣᠩᠭᠣᠯᠲᠠ ᠬᠠᠷᠢᠭᠤᠴᠠᠭᠤᠯᠪᠠᠯ᠄ ᠰᠣᠩᠭᠣᠵᠤ ᠬᠡᠷᠡᠭᠯᠡᠬᠦ ᠡᠮ ᠨᠢ ᠹᠦ ᠯᠧ ᠯᠢᠩ (氟乐灵)᠂ ᠭᠣᠤ ᠰᠢᠶᠣ ᠹᠦ ᠪᠢ ᠵᠢᠶᠠ ᠾᠧ ᠯᠢᠩ (高效氟吡甲禾灵)᠂

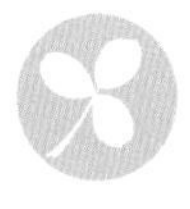

（二）莎草科

15. 牛毛毡

识别特征：多年生草本。具有长匍匐根状茎，秆丛生，极细密。无叶片，在茎秆基部具膜质叶鞘。小穗单一，直立，花多数。小坚果狭长圆形，褐色。

防除指南：敏感除草剂有异丙甲草胺、吡嘧磺隆、扑草净、禾草丹等。

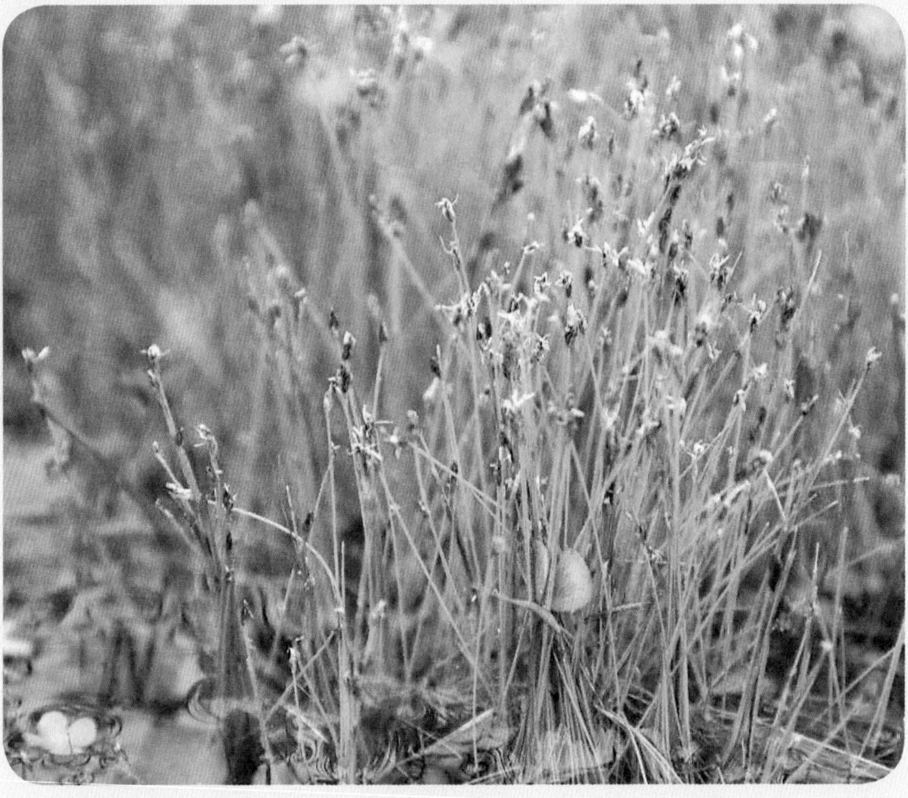

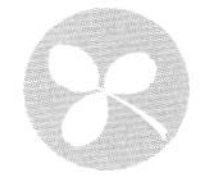

隆)、[illegible](扑草净)、[illegible](禾草丹)[illegible]

[illegible](异丙甲草胺)、[illegible](吡嘧磺 [illegible]

[illegible]

15. [illegible]

([illegible]) [illegible]

16. 夏飘拂草

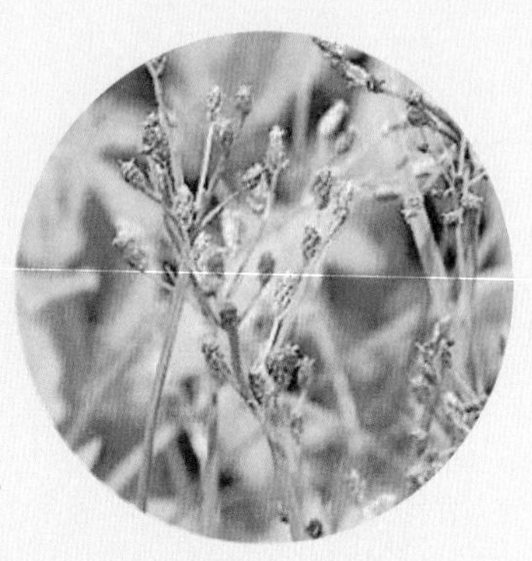

识别特征：一年生草本。秆丛生，直立，扁三棱状，平滑。叶基生，叶线形至狭线形；叶鞘棕色，上端近截形。长侧枝聚伞花序复生；小穗单生于枝顶，卵状矩圆形。小坚果卵状矩圆形，淡黄色。

防除指南：敏感除草剂有苄嘧磺隆、吡嘧磺隆、苄·甲磺隆、灭草松、扑草净、二氯喹啉酸等。

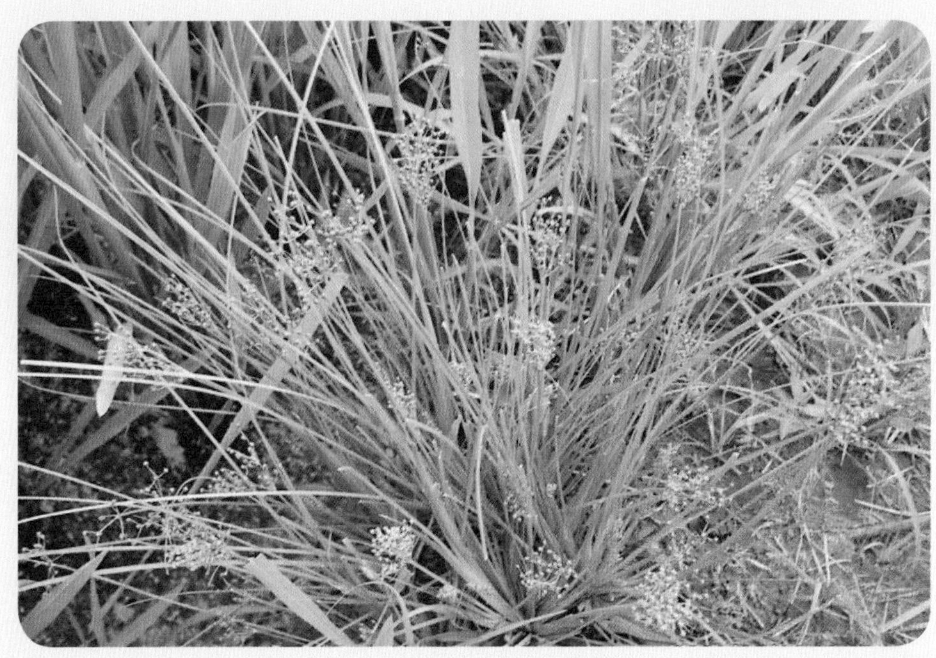

ᠬᠤᠸᠠᠩ ᠯᠦᠩ (苄・甲磺隆) · ᠮᠢᠶᠡ ᠴᠠᠤ ᠰᠦᠩ (灭草松) · ᠫᠦ ᠴᠠᠤ ᠵᠢᠩ (扑草净) · ᠬᠣᠶᠠᠷ ᠬᠯᠣᠷᠲᠤ ᠺᠸᠢᠨᠯᠢᠨ ᠬᠦᠴᠢᠯ (二氯喹啉酸) ᠵᠡᠷᠭᠡ ᠪᠤᠢ ᠃ ᠬᠠᠷᠢᠶᠠᠯᠠᠬᠤ ᠬᠡᠷᠡᠭᠯᠡᠬᠦ ᠠᠷᠭ᠎ᠠ ᠬᠡᠮᠵᠢᠶ᠎ᠡ: ᠨᠠᠷᠢᠨ ᠨᠠᠭᠠ ᠬᠡᠷᠡᠭᠯᠡᠭᠡᠨ ᠦ ᠪᠠᠶᠢᠷ ᠢ ᠪᠢᠶᠠᠨ ᠮᠢ ᠬᠤᠸᠠᠩ ᠯᠦᠩ (苄嘧磺隆) · ᠪᠢ ᠮᠢ ᠬᠤᠸᠠᠩ ᠯᠦᠩ (吡嘧磺隆) · ᠪᠠᠶᠢᠷ ᠲᠠᠯ ᠳᠠᠭᠠᠨ ᠬᠡᠷᠡᠭᠯᠡᠵᠦ ᠪᠣᠯᠬᠤ ᠦᠨ ᠬᠤᠪᠢᠯᠭᠠᠭᠰᠠᠨ ᠡᠮ ᠬᠡᠷᠡᠭᠯᠡᠵᠦ᠂ ᠪᠣᠯᠣᠨ ᠡᠮ ᠬᠡᠷᠡᠭᠯᠡᠵᠦ ᠪᠣᠯᠤᠨ᠎ᠠ᠃ ᠭᠠᠵᠠᠷ ᠤᠨ ᠬᠠᠮᠢᠭ ᠪᠠᠷ ᠲᠠᠷᠢᠬᠤ ᠪᠡᠷ ᠡᠮᠴᠢᠯᠡᠬᠦ ᠨᠢ ᠳᠡᠭᠡᠳᠦ ᠦᠷ᠎ᠡ ᠳᠦᠩ ᠲᠡᠢ ᠪᠠᠶᠢᠳᠠᠭ᠃ ᠲᠠᠷᠢᠶᠠᠨ ᠳᠤᠨᠢ ᠰᠤᠯᠠ ᠪᠠᠢᠬᠤ ᠦᠶ᠎ᠡ ᠳᠦ ᠬᠤᠷ ᠣᠯᠠᠨ ᠬᠦᠷᠭᠡᠭᠦ ᠶᠢ ᠰᠡᠷᠡᠮᠵᠢᠯᠡᠬᠦ ᠡᠰᠡᠬᠦ ᠶᠢᠨ ᠡᠮ ᠢ ᠰᠣᠩᠭᠣᠬᠤ ᠴᠠᠭ ᠲᠤ ᠬᠣᠷ ᠬᠣᠯᠢᠬᠤ ᠬᠡᠷᠡᠭᠲᠡᠢ᠃ ᠰᠤᠷᠭᠠᠭᠤᠯᠢ ᠶᠢᠨ ᠬᠡᠷᠡᠭᠯᠡᠬᠦ ᠶᠢᠨ ᠳᠠᠷᠠᠭ᠎ᠠ ᠪᠠᠷ ᠪᠠᠷᠢᠮᠲᠠᠯᠠᠬᠤ ᠪᠣᠯᠤᠨ᠎ᠠ᠃ ᠬᠡᠷᠡᠭᠯᠡᠬᠦ ᠶᠢᠨ ᠡᠮᠦᠨ᠎ᠡ ᠰᠤᠷᠭᠠᠭᠤᠯᠢ ᠶᠢ ᠰᠠᠶᠢᠲᠡᠷ ᠤᠩᠰᠢᠵᠤ: ᠬᠡᠷᠡᠭᠯᠡᠬᠦ ᠬᠡᠮᠵᠢᠶ᠎ᠡ ᠬᠡᠪ ᠢ ᠨᠠᠷᠢᠨ ᠬᠢᠨᠠᠬᠤ ᠪᠣᠯᠤᠨ᠎ᠠ᠃ ᠬᠠᠮᠢᠭ ᠤᠨ ᠬᠡᠷᠡᠭᠯᠡᠬᠦ ᠬᠡᠮᠵᠢᠶ᠎ᠡ ᠶᠢ ᠳᠠᠪᠠᠭᠤᠯᠵᠤ ᠪᠣᠯᠬᠤ ᠦᠭᠡᠢ᠃ ᠬᠡᠷᠡᠭᠯᠡᠬᠦ ᠶᠢ

16. ᠬᠤᠶᠠᠭᠤᠷᠤᠭᠤᠯᠤᠭ ᠡᠪᠡᠰᠦ

17. 水虱草

识别特征：一年生草本。秆丛生，直立或斜上，扁四棱形。叶片狭条形，边缘粗糙；叶鞘侧扁，背面呈龙骨状。长侧枝聚伞形花序，复出或多次复出；小穗单生于枝顶，近球形；鳞片膜质，卵形，锈色，背部有龙骨状突起。小坚果倒卵形，具疣状突起和横长圆形网纹。

防除指南：敏感除草剂有苄嘧磺隆、吡嘧磺隆、禾草丹、苄·甲磺隆、灭草松、扑草净、异丙甲草胺等。

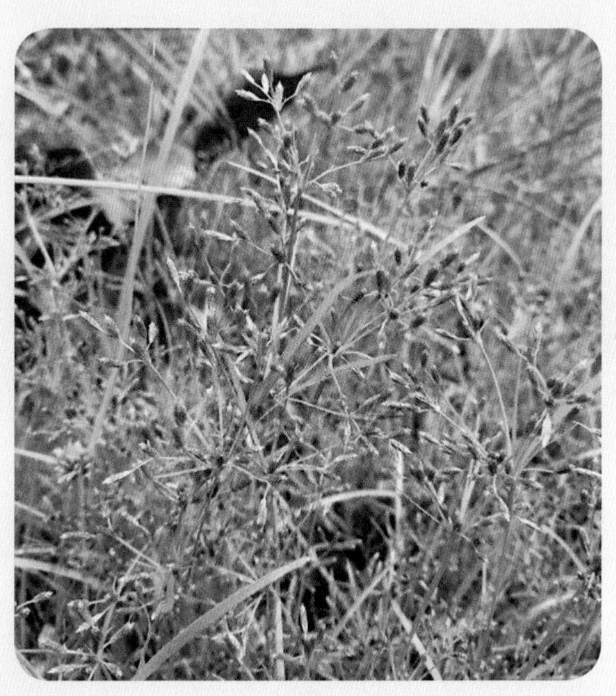

17. ᠲᠠᠷᠠᠯ ᠬᠣᠪᠰᠤᠷᠭᠠᠯ᠂

ᠲᠠᠷᠢᠶᠠᠨ ᠪᠤᠳᠤᠭᠠᠳ ᠲᠠᠯᠠᠪᠠᠢ᠄ ᠡᠨᠡ ᠬᠣᠷᠣᠯᠠᠯ ᠨᠢ ᠳᠤᠯᠤᠭᠠᠲᠤ ᠪᠤᠯᠤᠨ᠎ᠠ᠃ ᠡᠨᠡᠬᠦ ᠬᠣᠬᠢᠷᠠᠯ ᠢ ᠪᠠᠭᠤᠷᠠᠭᠤᠯᠬᠤ ᠶᠢᠨ ᠲᠤᠯᠠ ᠪᠣᠯᠤᠨ᠎ᠠ᠂ ᠪᠣᠯᠤᠭ ᠢ ᠲᠡᠷᠢᠭᠦᠯᠡᠨ ᠬᠦᠷᠢᠶᠡᠯᠡᠭᠦᠯᠬᠦ ᠪᠤᠯᠤᠨ᠎ᠠ᠃ ᠲᠠᠷᠢᠶᠠᠨ ᠤ ᠲᠠᠯᠠᠪᠠᠢ ᠶᠢᠨ ᠨᠢᠭᠤᠯᠲᠠ ᠪᠡᠨ ᠬᠡᠷᠡᠭᠯᠡᠬᠦ ᠡᠪᠡᠰᠦ ᠦᠨ ᠡᠮ ᠪᠡᠷ ᠨᠢ ᠬᠦᠷᠢᠶᠡᠯᠡᠭᠦᠯᠬᠦ ᠪᠣᠯᠤᠨ᠎ᠠ᠂ ᠲᠠᠷᠢᠶᠠᠨ ᠤ ᠲᠠᠯᠠᠪᠠᠢ ᠳᠤ ᠬᠣᠣᠷᠣᠨᠳᠤ ᠪᠣᠯᠤᠨ᠎ᠠ᠃ ᠲᠡᠭᠡᠳ ᠳᠠᠭᠠᠭᠤᠯᠬᠤ ᠶᠢᠨ ᠬᠡᠮᠵᠢᠶ᠎ᠡ ᠳᠦ ᠬᠦᠷᠦᠭᠡᠳ ᠪᠣᠯᠤᠨ᠎ᠠ᠃

ᠮᠠᠰᠢ ᠬᠡᠷᠡᠭᠯᠡᠭᠳᠡᠭ ᠡᠮ᠄ ᠪᠢᠶᠠᠨ ᠮᠢ ᠬᠤᠸᠠᠩ ᠯᠦᠩ (苄嘧磺隆)· ᠪᠢ ᠮᠢ ᠬᠤᠸᠠᠩ ᠯᠦᠩ (吡嘧磺隆)· ᠾᠧ ᠼᠣᠤ ᠳᠠᠨ (禾草丹)· ᠪᠢᠶᠠᠨ ᠵᠢᠶ᠎ᠠ ᠬᠤᠸᠠᠩ ᠯᠦᠩ (苄·甲磺隆)· ᠮᠢᠶᠧ ᠼᠣᠤ ᠰᠦᠩ (灭草松)· ᠫᠦ ᠼᠣᠤ ᠵᠢᠩ (扑草净)· ᠢ ᠪᠢᠩ ᠵᠢᠶ᠎ᠠ ᠼᠣᠤ ᠠᠨ (异丙甲草胺) ᠵᠡᠷᠭᠡ ᠪᠣᠢ᠃

18. 香附子

识别特征：多年生草本。茎直立，三棱形。叶丛生于茎基部；叶鞘闭合，包于茎上；叶片窄线形，全缘，具平行脉，主脉于背面隆起。复穗状花序，3~6个在茎顶排成伞状。小坚果三棱状长圆形。

防除指南：敏感除草剂有敌草隆、草甘膦、扑草净、甲草胺、异丙甲草胺、杀草隆、三氟羧草醚等。

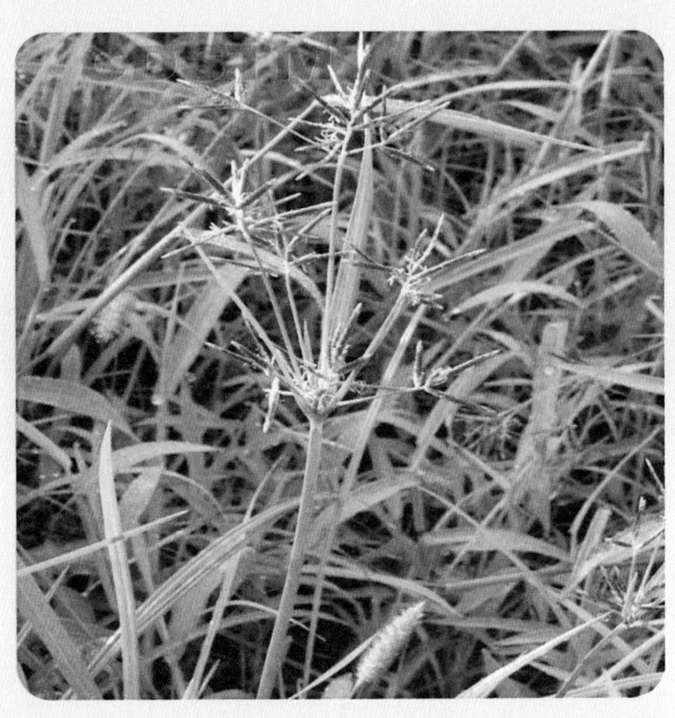

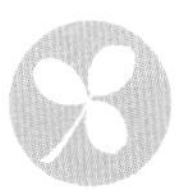

18. ᠬᠡᠷᠡᠭᠯᠡᠬᠦ ᠠᠷᠭ᠎ᠠ ᠬᠡᠮᠵᠢᠶ᠎ᠡ

ᠲᠠᠷᠢᠮᠠᠯ ᠤᠨ ᠬᠣᠭ ᠦᠪᠡᠰᠦ ᠶᠢ ᠤᠰᠠᠳᠬᠠᠬᠤ᠄ ᠲᠠᠷᠢᠮᠠᠯ ᠬᠣᠭᠣᠯᠠᠢ ᠪᠣᠯᠤᠭᠰᠠᠨ ᠤ ᠳᠠᠷᠠᠭ᠎ᠠ᠂ ᠬᠣᠭ ᠦᠪᠡᠰᠦ ᠶᠢᠨ 3～6 ᠨᠠᠪᠴᠢ ᠲᠠᠢ ᠦᠶ᠎ᠡ ᠳᠦ ᠬᠡᠷᠡᠭᠯᠡᠬᠦ ᠳᠦ ᠲᠣᠬᠢᠷᠠᠮᠵᠢᠲᠠᠢ᠃ ᠬᠠᠯᠠᠮᠠᠭᠴᠢ ᠪᠣᠳᠠᠰ ᠢ ᠬᠡᠷᠡᠭᠯᠡᠬᠦ᠂ ᠳᠠᠪᠬᠤᠷ ᠤᠰᠠᠳᠬᠠᠬᠤ᠂ ᠬᠣᠯᠢᠮᠠᠭ ᠪᠣᠳᠠᠰ ᠢ ᠬᠡᠷᠡᠭᠯᠡᠬᠦ ᠵᠡᠷᠭᠡ ᠠᠷᠭ᠎ᠠ ᠪᠠᠷ ᠤᠰᠠᠳᠬᠠᠵᠤ ᠪᠣᠯᠤᠨ᠎ᠠ᠃ ᠬᠣᠯᠢᠮᠠᠭ ᠪᠣᠳᠠᠰ ᠢ ᠬᠡᠷᠡᠭᠯᠡᠬᠦ ᠳᠦ ᠬᠡᠷᠡᠭᠯᠡᠭᠳᠡᠬᠦ ᠬᠣᠷᠠ ᠨᠢ ᠪᠣᠯ ᠪᠣᠢ᠃

ᠬᠡᠷᠡᠭᠯᠡᠭᠳᠡᠬᠦ ᠬᠣᠷᠠ ᠨᠢ᠄ ᠬᠣᠭᠣᠯ ᠠᠮᠢᠨ (甲草胺)᠂ ᠢᠵᠢᠯ ᠫᠷᠣᠫᠢᠯ ᠬᠣᠭᠣᠯ ᠠᠮᠢᠨ (异丙甲草胺)᠂ ᠠᠯᠠ ᠦᠪᠡᠰᠦ ᠯᠦᠩ (杀草隆)᠂ ᠳᠠᠶᠢᠰᠤᠨ ᠦᠪᠡᠰᠦ ᠯᠦᠩ (敌草隆)᠂ ᠦᠪᠡᠰᠦ ᠭᠠᠨ ᠯᠢᠨ (草甘膦)᠂ ᠫᠦ ᠦᠪᠡᠰᠦ ᠵᠢᠩ (扑草净)᠂ ᠭᠣᠷᠪᠠᠯ ᠹᠲᠣᠷ ᠬᠣᠭᠣᠯ ᠦᠪᠡᠰᠦ (三

氟羧草醚) ᠵᠡᠷᠭᠡ ᠪᠣᠢ᠃

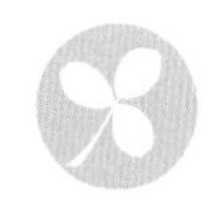

19. 旋鳞莎草

识别特征：一年生草本。秆丛生，扁三棱状。叶基生，短于秆，少见长于秆，叶状苞片3~6枚，较花序长数倍。长侧枝聚伞花序密生成球状；小穗无柄，披针形或长圆形，压扁，小穗轴有白色透明窄翅，鳞片螺旋状排列，背部具绿色龙骨状突起，两侧黄白色。小坚果椭圆形，淡褐色。

防除指南：敏感除草剂有草甘膦、二甲四氯、百草枯、三氟羧草醚、异丙甲草胺等。

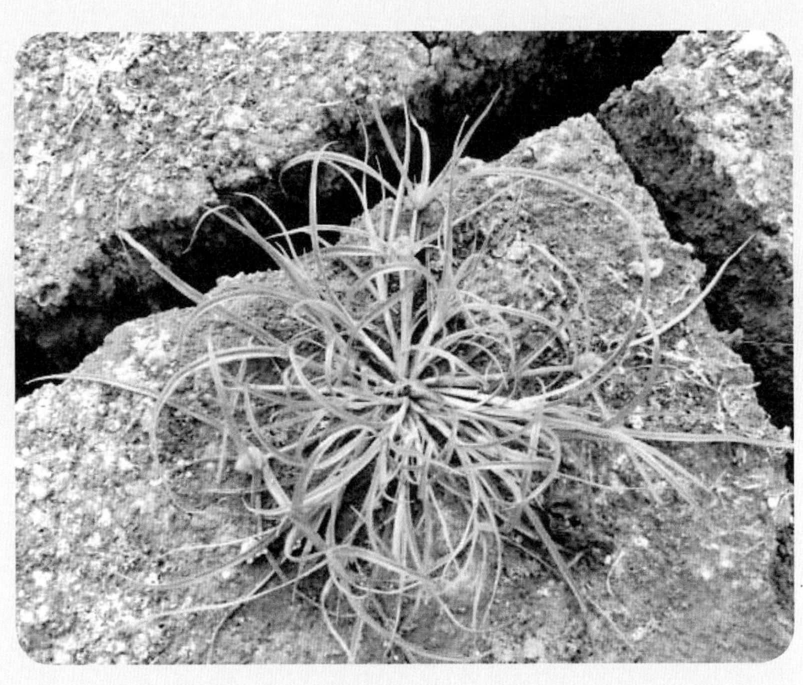

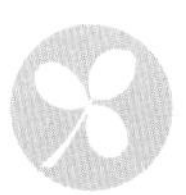

19. [illegible]

[illegible] 3～6 [illegible]

[illegible] (草甘膦)·[illegible] (二甲四氯)·[illegible] (百草枯)·[illegible] (三氟羧草醚)·[illegible] (异丙甲草胺) [illegible] ::

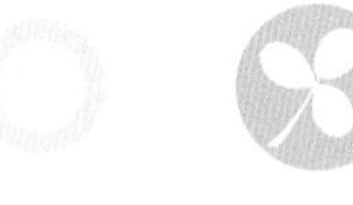

20. 异型莎草

识别特征：一年生草本。秆丛生，直立，扁三棱形。叶基生，线形，短于秆；叶鞘褐色；苞片2~3枚，叶状，长于花序。头状花序球形，具极多数小穗。小坚果倒卵状椭圆形，有三棱，淡黄色。

防除指南：敏感除草剂有禾草丹、苄嘧磺隆、吡嘧磺隆、灭草松、丁草胺+苄嘧磺隆、二氯喹啉酸+苄嘧磺隆等。

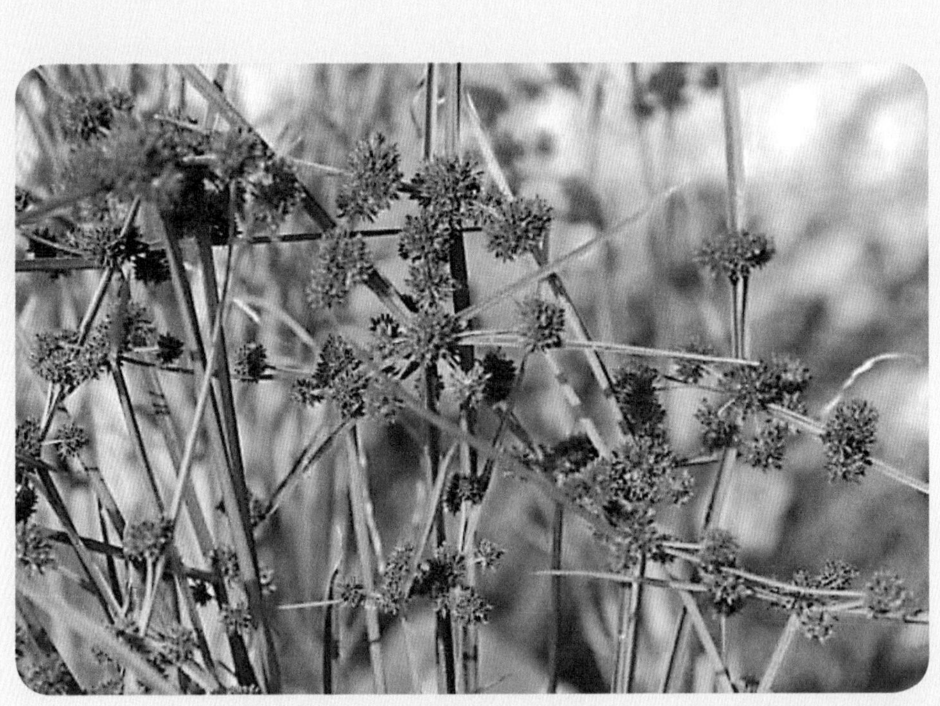

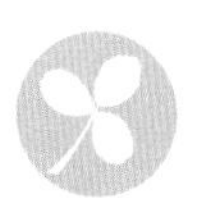

(二氯喹啉酸) + ᠪᠧᠨᠽᠢᠯ ᠢ ᠰᠦᠯᠹᠤᠨ ᠯᠦᠩ (苄嘧磺隆) ᠵᠡᠷᠭᠡ ᠪᠤᠢ ::

(吡嘧磺隆)、ᠮᠢᠶᠧ ᠴᠠᠤ ᠰᠦᠩ (灭草松)、ᠪᠤᠲ᠋ᠢᠯ ᠬᠤᠷᠠ ᠠᠮᠢᠨ (丁草胺) + ᠪᠧᠨᠽᠢᠯ ᠢ ᠰᠦᠯᠹᠤᠨ ᠯᠦᠩ (苄嘧磺隆)、ᠫᠢᠷᠠᠽᠣ ᠰᠦᠯᠹᠤᠷᠤᠨ ᠡᠲ᠋ᠢᠯ ᠪᠠᠷᠤᠨ

ᠮᠡᠳᠡᠭᠳᠡᠬᠦ ᠬᠡᠷᠡᠭᠯᠡᠭᠦ ᠶᠤᠰᠤᠭᠠᠷ : ᠮᠡᠳᠡᠭᠳᠡᠬᠦ ᠨᠢᠭᠡ ᠬᠡᠷᠡᠭᠯᠡᠭᠡᠨ ᠦ ᠬᠤᠷᠠ ᠳᠤ ᠦᠨ (禾草丹)、ᠪᠧᠨᠽᠢᠯ ᠢ ᠰᠦᠯᠹᠤᠨ ᠯᠦᠩ (苄嘧磺隆)、ᠫᠢ ᠢ ᠰᠦᠯᠹᠤᠨ ᠯᠦᠩ ᠭᠡᠵᠦ ᠪᠠᠢᠳᠠᠭ᠃ ᠣᠯᠠᠨ ᠨᠢ ᠪᠣᠯ ᠬᠣᠷᠤ ᠪᠣᠯᠤᠨ᠎ᠠ :: ᠣᠯᠠᠨ ᠨᠠᠰᠤᠲᠤ ᠦᠨ ᠡᠪᠡᠰᠦ ᠶᠢ ᠬᠣᠷᠢᠭᠯᠠᠬᠤ ᠳᠤ ᠬᠡᠷᠡᠭᠯᠡᠵᠦ ᠪᠣᠯᠤᠨ᠎ᠠ᠃ ᠬᠤᠷᠠ ᠳᠤ ᠬᠣᠷᠤ ᠪᠣᠯᠬᠤ ᠪᠠᠢᠨ᠎ᠠ :: ᠬᠤᠷᠠ ᠶᠢᠨ ᠠᠷᠭᠠ ᠶᠢ ᠬᠡᠷᠡᠭᠯᠡᠬᠦ ᠳᠤ 2～3 ᠪᠣᠳᠣᠭ᠎ᠠ᠃ ᠲᠠᠷᠢᠮᠠᠯ ᠲᠠᠯᠠᠪᠠᠢ᠃ ᠲᠠᠷᠢᠯᠠᠨ ᠬᠣᠷᠢᠭᠯᠠᠬᠤ ᠬᠡᠷᠡᠭᠲᠡᠢ᠃ ᠬᠤᠷᠠ ᠳᠤ ᠬᠣᠷᠤ ᠪᠣᠯᠤᠨ᠎ᠠ :: ᠲᠠᠷᠢᠮᠠᠯ ᠬᠡᠷᠡᠭᠯᠡᠬᠦ ᠳᠤ ᠬᠡᠷᠡᠭᠲᠡᠢ ᠪᠠᠢᠨ᠎ᠠ :: ᠬᠤᠷᠠ ᠶᠢ ᠪᠠᠷᠢᠭᠤᠯᠬᠤ ᠪᠣᠯ ᠪᠠᠢᠭᠤᠯᠬᠤ ᠬᠡᠷᠡᠭᠲᠡᠢ᠃ ᠲᠠᠷᠢᠯᠠᠨ ᠬᠣᠷᠢᠭᠯᠠᠬᠤ ᠬᠡᠷᠡᠭᠲᠡᠢ ᠪᠠᠢᠨ᠎ᠠ :: ᠬᠤᠷᠠ ᠶᠢᠨ

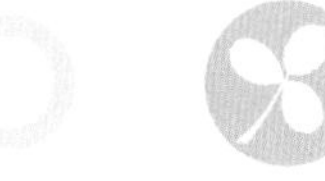

（三）豆科

21. 白车轴草

识别特征：多年生草本。茎匍匐，无毛。三出复叶，具长柄；小叶倒卵形或倒心形，边缘有细齿；托叶椭圆形，抱茎。花序球形，顶生；总花梗生于匍匐茎上；花冠白色或淡红色。荚果倒卵状椭圆形；种子细小，黄褐色。

防除指南：合理轮作，细致地进行中耕除草。敏感除草剂有氧氟·乙草胺、苄嘧磺隆、吡嘧磺隆、精噁唑禾草灵等。

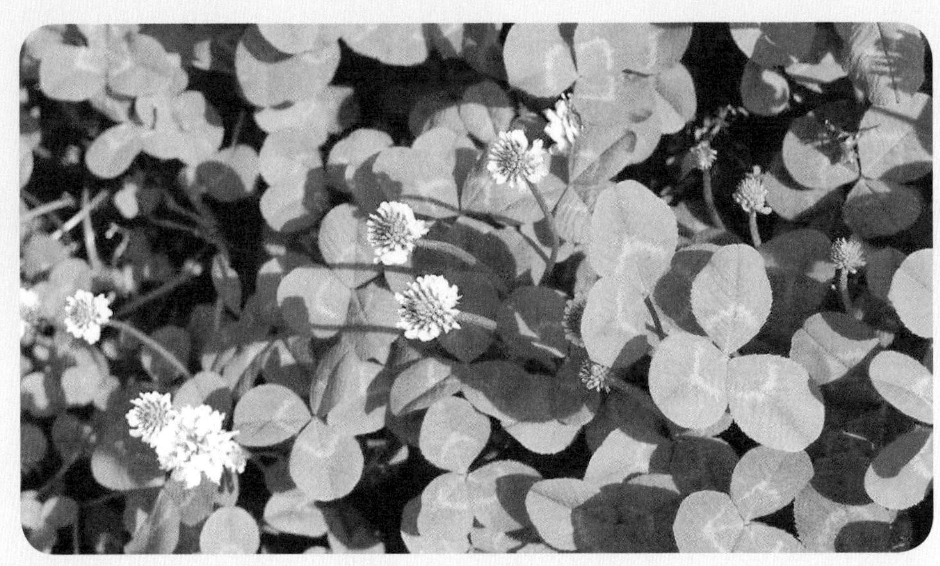

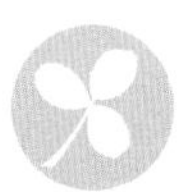

嘧磺隆)、[illegible] (吡嘧磺隆)、[illegible] (精噁唑禾草灵) [illegible]

[illegible] (氰氟・乙草胺)、[illegible] (苄

[illegible]

21. [illegible]

([illegible]) [illegible]

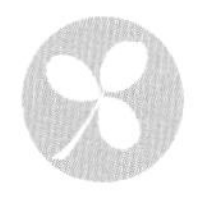

22. 草木樨

识别特征：二年生或一年生草本。茎直立，多分枝，无毛。三出复叶，小叶长椭圆形至披针形，边缘具细锯齿，托叶线形。总状花序腋生，花萼钟状，花冠黄色。荚果卵球形，无毛；种子肾形，黄绿色。

防除指南：合理轮作，加强对各种作物播种地、果园和林园的管理，适时中耕除草。敏感除草剂有苯磺隆、三氟羧草醚、草甘膦、氰草津、百草枯等。

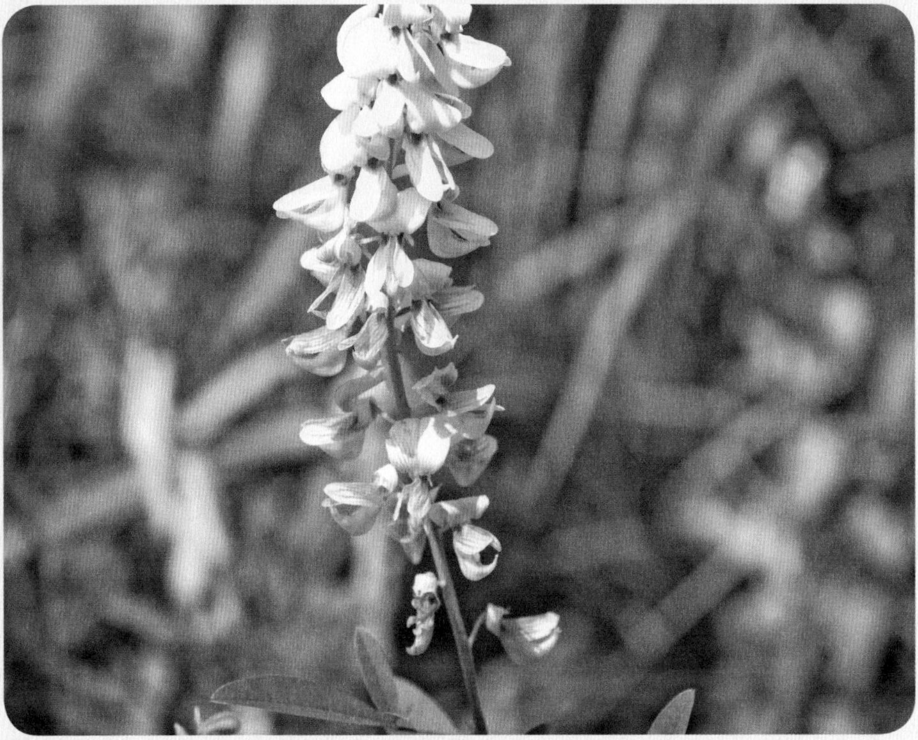

（三氟羧草醚）（草甘膦）（氰草津）（百草枯）（苯磺隆）

22.

23. 救荒野豌豆

识别特征：一年蔓性生草本。全株被稀疏的黄色短柔毛。偶数羽状复叶，叶轴末端具卷须；托叶半箭头状。总状花序腋生，花1~2枝，有短花梗，蝶形，深紫色或玫瑰红色；萼管状，外被黄色短柔毛。荚果略扁，成熟时棕色。

防除指南：敏感除草剂有氯氟吡氧乙酸、苯磺隆、草甘膦、百草枯等。

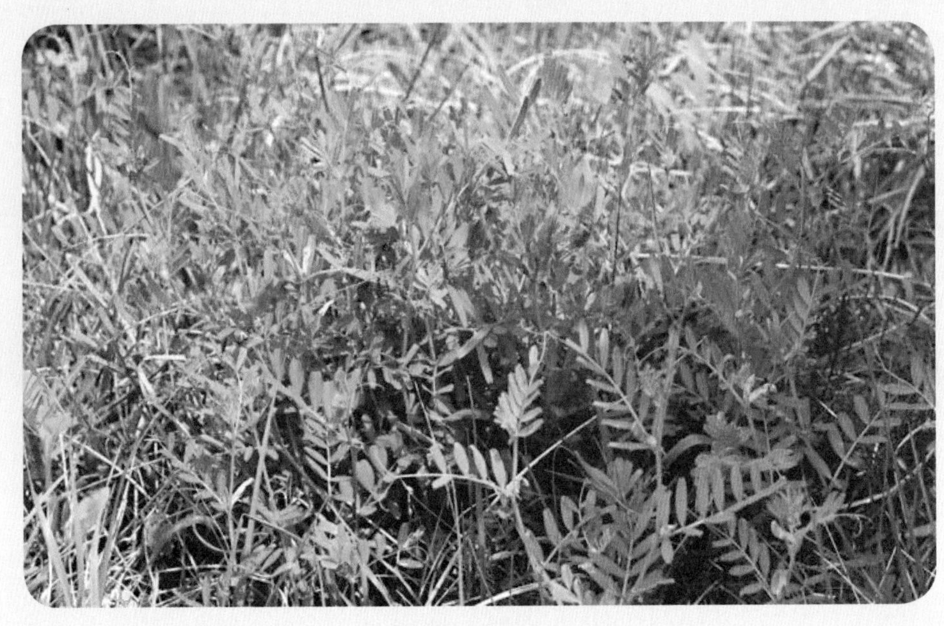

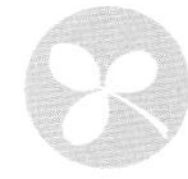

ᠯᠦᠩ (苯磺隆)᠂ ᠴᠣ ᠭᠠᠨ ᠯᠢᠨ (草甘膦)᠂ ᠪᠠᠢ ᠴᠣ ᠺᠦ (百草枯) ᠵᠡᠷᠭᠡ ᠪᠠᠢ᠃

ᠬᠢᠮᠢᠶᠠᠯᠠᠭ ᠠᠷᠭ᠎ᠠ ᠬᠡᠮᠵᠢᠶ᠎ᠡ᠄ ᠰᠢᠷᠢᠭ ᠡᠪᠡᠰᠦ ᠲᠠᠷᠢᠶᠠᠯᠠᠩ ᠤᠨ ᠬᠣᠷᠣ ᠨᠣᠭᠣᠭᠠ ᠤᠰᠠᠳᠬᠠᠬᠤ ᠪᠣᠳᠠᠰ ᠳᠤ ᠯᠦ ᠹᠦ ᠪᠢ ᠶᠠᠩ ᠢ ᠰᠤᠸᠠᠨ (氯氟吡氧乙酸)᠂ ᠪᠠᠢ ᠴᠣ ᠺᠦ ᠲᠡᠷᠭᠡᠯᠡᠭᠰᠡᠨ ᠢ ᠬᠡᠷᠡᠭᠯᠡᠵᠦ ᠪᠣᠯᠤᠨ᠎ᠠ᠃

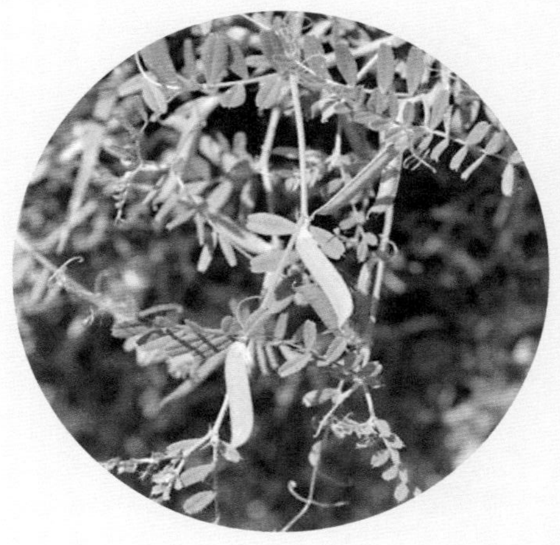

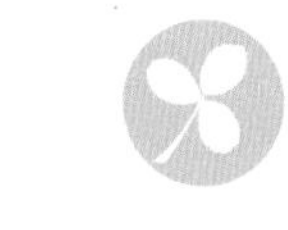

24. 小苜蓿

识别特征：二年生或一年生草本。茎多分枝，疏被白色柔毛。三出复叶，小叶倒卵形至倒心形，两面均有毛；小叶柄细弱；托叶斜卵形。花集生成头状花序，花冠淡黄色。荚果旋卷成球状，具三列钩状刺；种子肾形，黄褐色。

防除指南：敏感除草剂有草甘膦、百草枯、三氟羧草醚、毒草胺等。

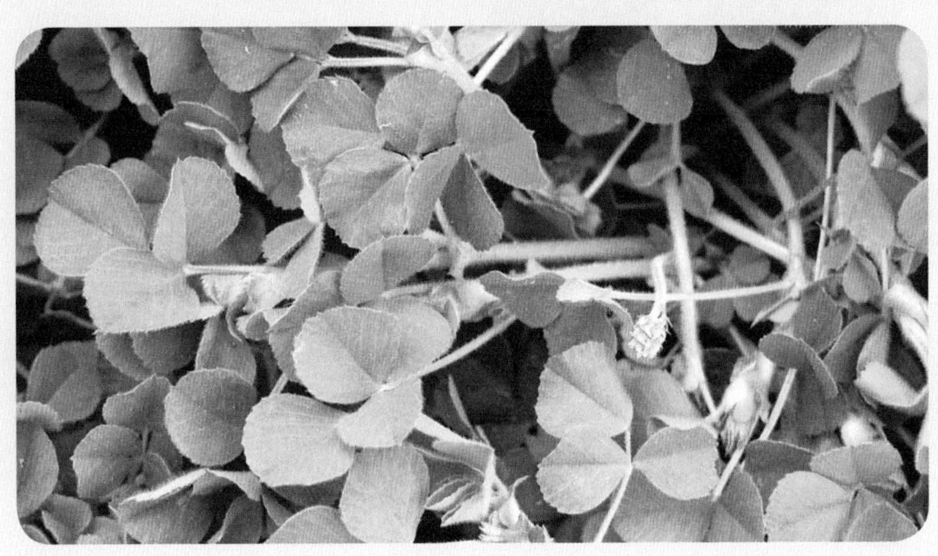

(三氟羧草醚)᠂ ᠳᠦ ᠼᠣ ᠠᠨ (毒草胺) ᠵᠡᠷᠭᠡ ᠪᠣᠢ ᠃

ᠰᠣᠩᠭᠣᠯᠲᠠ ᠦᠭᠡᠢ ᠤᠰᠬᠠᠳᠬᠠᠭᠴᠢ ᠄ ᠨᠢᠭᠡᠨ ᠬᠣᠪᠢ ᠤᠰᠬᠠᠳᠬᠠᠭᠴᠢ ᠳᠤ ᠼᠣ ᠭᠠᠨ ᠯᠢᠨ (草甘膦)᠂ ᠪᠠᠢ ᠼᠣ ᠺᠦ (百草枯)᠂ ᠭᠣᠯᠢᠹᠣᠰᠠᠲ ᠠᠮᠣᠨᠢ ᠵᠡᠷᠭᠡ ᠪᠣᠢ ᠃

24. ᠨᠠᠷᠠᠨ ᠲᠣᠭᠣᠷᠢᠭ

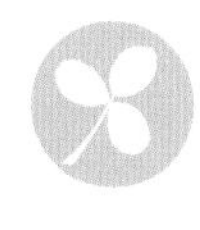

25. 野大豆

识别特征：一年生蔓性草本。茎细长，缠绕。三出复叶，顶生小叶卵状披针形，两面生白色短柔毛，有托叶。总状花序腋生，花梗密生黄色长硬毛；花冠蝶形，紫红色。荚果矩形，密生黄色长硬毛；种子稍扁，褐色至黑褐色。

防除指南：水旱轮作，合理换茬，施用腐熟的农家肥料。敏感除草剂有西玛津、敌草隆、百草枯、苯磺隆等。

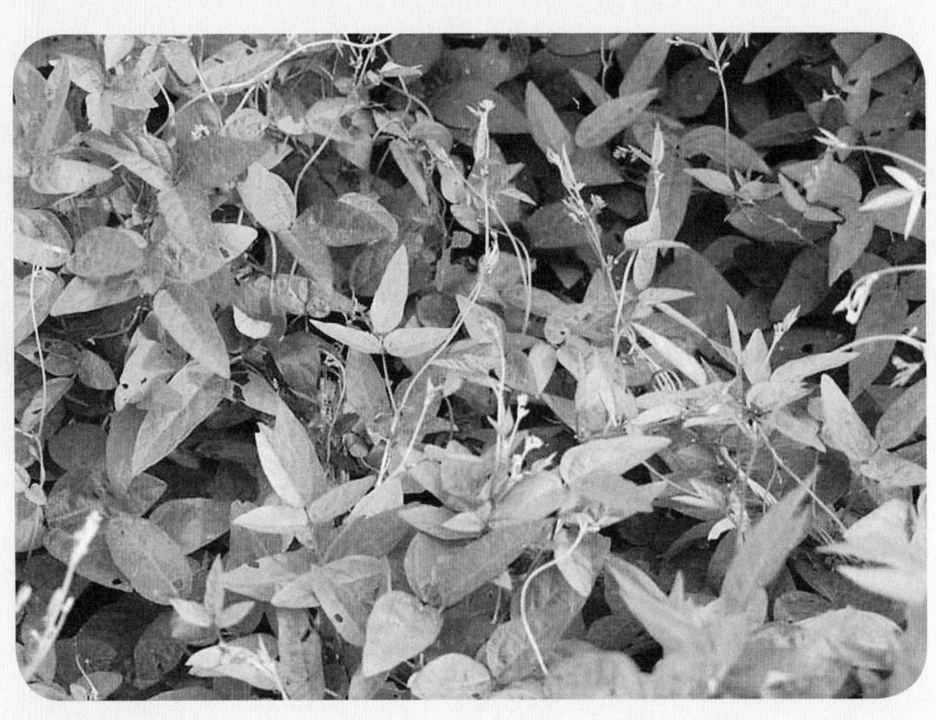

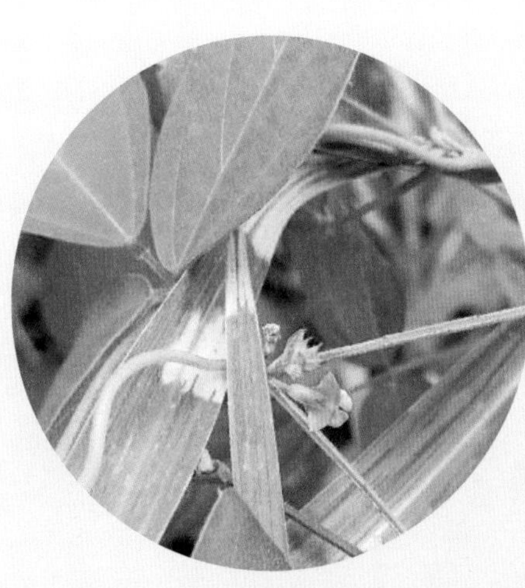

25. [illegible]

[illegible] (西玛津), [illegible] (敌草隆), [illegible] (百草枯), [illegible] (苯磺隆) [illegible] ::

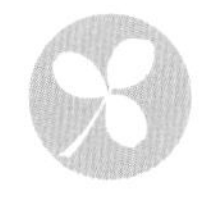

（四）车前科

26. 车前

识别特征：二年生或多年生草本。叶丛生，直立或展开，全缘或有不规则波状浅齿，弧形脉4~7条。顶生穗状花序。蒴果卵状圆锥形，周裂。

防除指南：敏感除草剂有敌草胺、乙氧氟草醚、百草枯等。

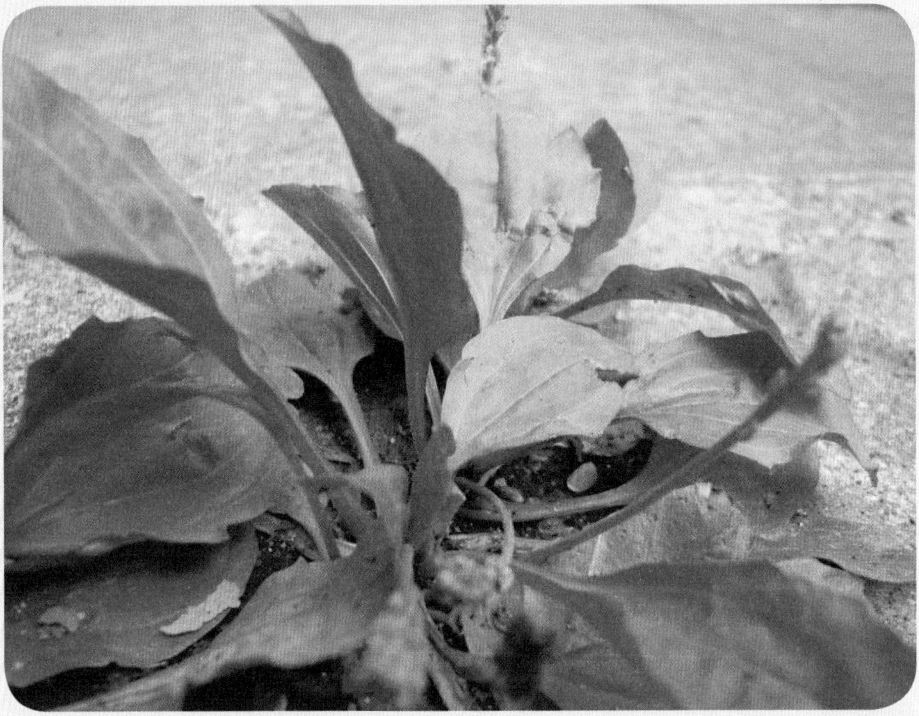

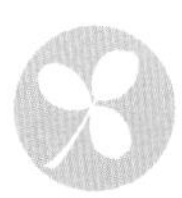

(百草枯) [Mongolian text]

[Mongolian text] (敌草胺)、[Mongolian text] (乙氧氟草醚)、[Mongolian text]

[Mongolian text]

[Mongolian text] 4 ~7 [Mongolian text]

[Mongolian text]

26. [Mongolian text]

([Mongolian text]) [Mongolian text]

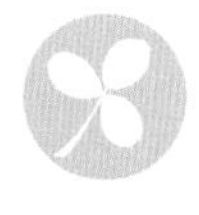

27. 平车前

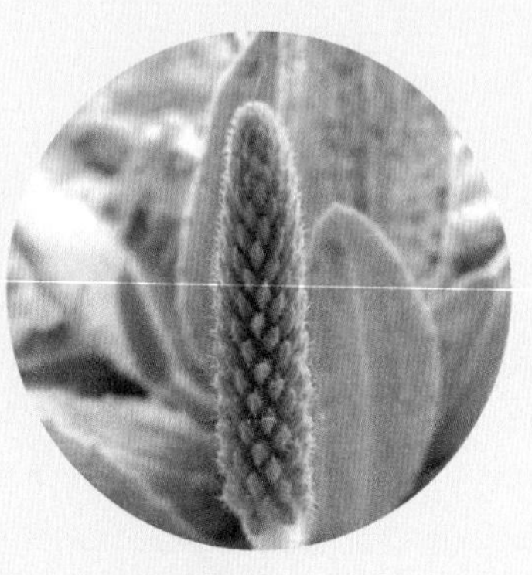

识别特征：二年生或一年生草本。有圆柱形直根。叶基生，椭圆形、披针形或卵状披针形，无毛或有毛，边缘有远离小齿或不整齐锯齿，基部渐狭成叶柄。花茎略带弧状，穗状花序细长。蒴果圆锥状。

防除指南：及时清除田旁隙地、渠堤等处的杂草。敏感除草剂有麦草畏、乙氧氟草醚、莠去津、环嗪酮、草甘膦、百枯草等。

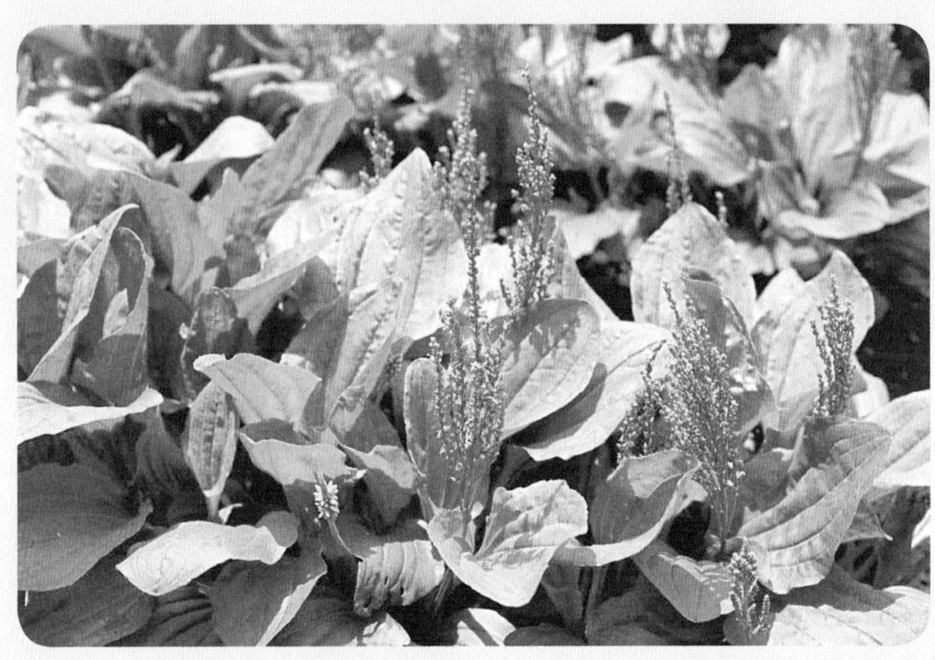

27. ᠪᠣᠯᠤᠩ ᠬᠠᠷᠠᠭ ᠬᠠᠷᠠᠮᠠᠢ

ᠬᠣᠷᠣᠭᠳᠠᠯ ᠬᠠᠮᠤᠷᠤᠯᠳᠠ ᠬᠤᠪᠢᠶᠠᠷ ᠶᠠᠭᠤᠮᠠ ᠮᠡᠳᠡᠭᠡᠯᠡᠯ ᠃ ᠰᠢᠷᠡᠭᠡ ᠦᠨᠳᠦᠷ ᠮᠡᠳᠡᠭᠡᠯᠡᠯ ᠪᠠᠷ ᠵᠠᠰᠠᠬᠤ ᠪᠣᠯᠪᠠᠰᠤ ᠃ ᠠᠷᠭ᠎ᠠ ᠬᠡᠮᠵᠢᠶ᠎ᠡ ᠳᠦ ᠳᠤᠷᠠᠳᠬᠠᠯ ᠪᠠᠷ ᠳᠡᠭᠡᠭᠰᠢ ᠲᠠᠷᠢᠶᠠᠯᠠᠩ ᠤᠨ ᠭᠠᠵᠠᠷ ᠢ ᠬᠡᠷᠡᠭᠯᠡᠵᠦ ᠪᠣᠯᠤᠨ᠎ᠠ ᠃ ᠭᠡᠰᠡᠨ ᠬᠡᠮᠵᠢᠶ᠎ᠡ ᠪᠡᠷ ᠬᠡᠷᠡᠭᠯᠡᠬᠦ ᠳᠤ ᠮᠡᠳᠡᠭᠡᠯᠡᠯ ᠶᠠᠭᠤᠮᠠ ᠮᠡᠳᠡᠭᠡᠯᠡᠯ ᠮᠠᠲᠠ ᠃ ᠬᠤᠷᠠᠯᠠᠬᠤ ᠪᠠᠷ ᠬᠠᠷᠠᠭᠠᠯᠵᠠᠬᠤ ᠬᠡᠷᠡᠭᠲᠡᠢ ᠢ ᠬᠡᠷᠡᠭᠯᠡᠵᠦ ᠪᠣᠯᠤᠨ᠎ᠠ ᠃

ᠰᠢᠷᠡᠭᠡ ᠲᠠᠷᠢᠶᠠᠯᠠᠩ ᠤᠨ ᠭᠠᠵᠠᠷ ᠲᠤ ᠬᠡᠷᠡᠭᠯᠡᠬᠦ ᠳᠤ ᠮᠠᠢ ᠼᠣᠣ ᠸᠧᠢ (麦草畏)、ᠢ ᠶᠠᠩ ᠹᠦ ᠼᠣᠣ ᠮᠢ (乙氧氟草醚)、ᠢᠦ ᠴᠢᠦ ᠯᠢᠦ (莠去津)、ᠬᠤᠸᠠᠨ ᠽᠢᠨ ᠲᠤᠩ (环嗪酮)、ᠼᠣᠣ ᠭᠠᠨ ᠯᠢᠨ (草甘膦)、ᠪᠠᠢ ᠺᠦ ᠼᠣᠣ (百枯草) ᠵᠡᠷᠭᠡ ᠪᠢ ᠃

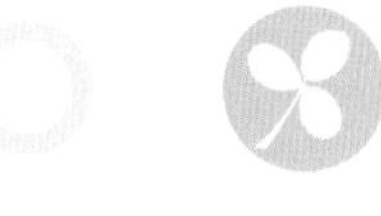

（五）大戟科

28. 斑地锦

识别特征：一年生草本。分枝较多，带淡紫色，表面有白色细柔毛。叶对生，椭圆形，边缘中部以上有细锯齿，基部偏斜，叶面中央有紫斑。环状花序单生于叶腋。蒴果三棱状球形；种子卵形，有角棱。

防除指南：合理轮作，加强中耕除草。敏感除草剂有苯磺隆、莠去津、西玛津等。

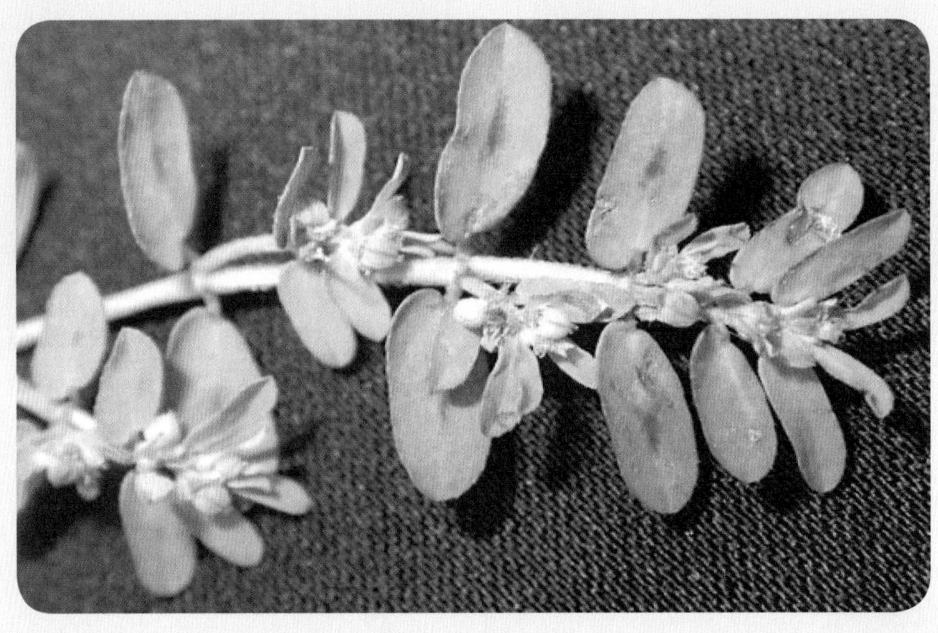

ᠯᠦᠩ (苯磺隆)᠂ ᠶᠦ ᠴᠢᠦ ᠵᠢᠨ (莠去津)᠂ ᠰᠢ ᠮᠠ ᠵᠢᠨ (西玛津) ᠵᠡᠷᠭᠡ ᠪᠠᠢ᠃

29. 地锦

识别特征：一年生草本。含乳汁。茎细长软弱，纵横匍匐扩展；叉状分枝，带紫红色；节上着地生根。叶对生，纸质，表面光滑。花序单生于叶腋，花淡紫色。蒴果三棱状球形；种子倒卵形，黑褐色。

防除指南：合理轮作，细致地进行中耕除草。敏感除草剂有草甘膦、苯磺隆、三氟羧草醚、乙氧氟草醚等。

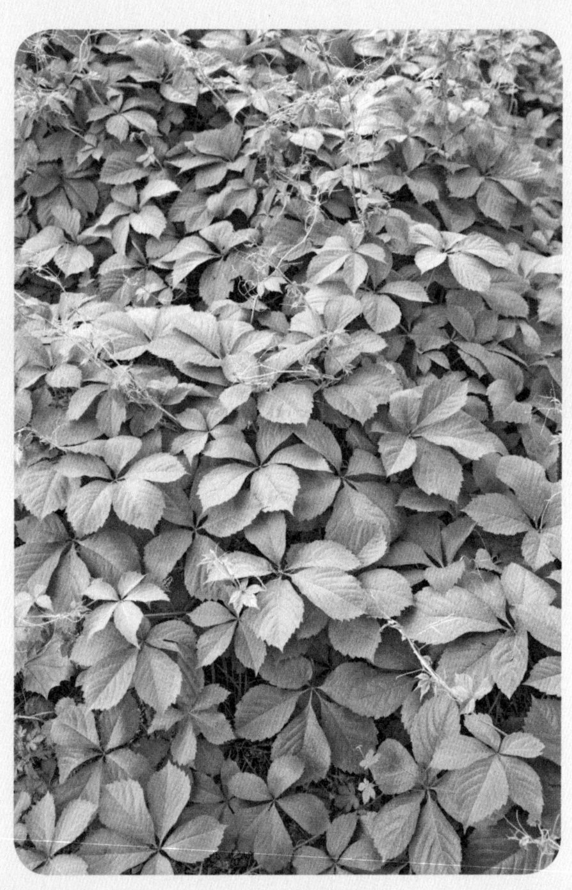

[illegible]

(草甘膦)[illegible](苯磺隆)[illegible](三氟羧草醚)[illegible](乙氧氟草醚)

[illegible]

[illegible]

29. [illegible]

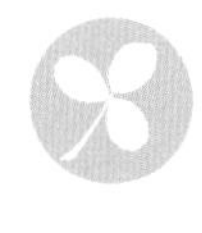

30. 铁苋菜

识别特征：一年生草本。茎直立，多分枝。叶互生，具长柄，叶片椭圆状披针形，边缘有钝齿。花序腋生，有叶状肾形苞片。蒴果钝三棱形，淡褐色，有毛；种子黑色。

防除指南：敏感除草剂有麦草畏、氧氟·乙草胺、三氟羧草醚、西玛津、百草枯、草甘膦等。

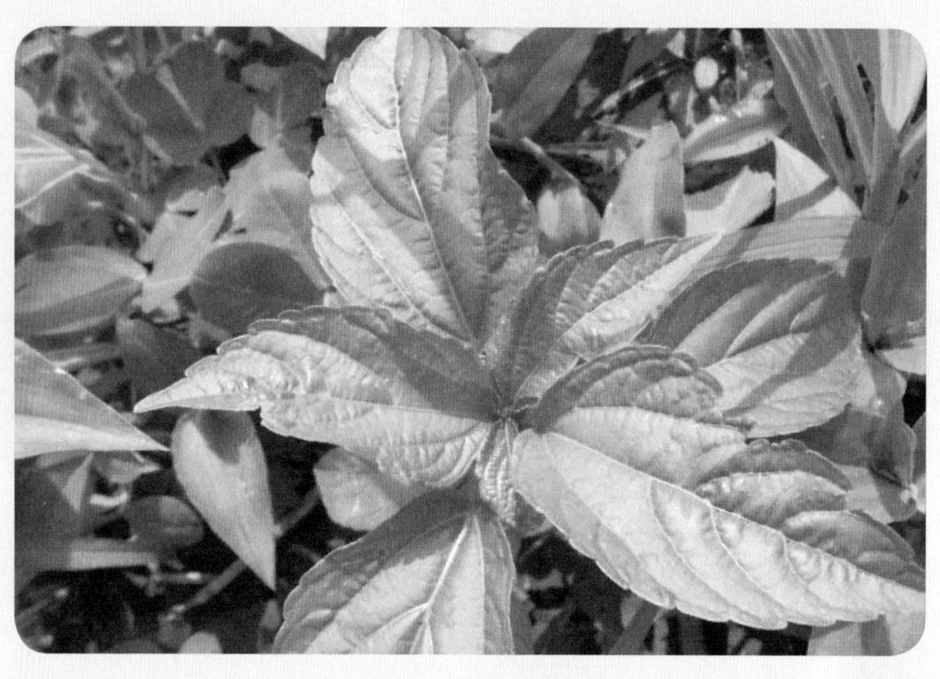

30. ᠲᠡᠮᠦᠷ ᠨᠣᠭᠣᠭ᠎ᠠ

ᠬᠡᠯᠪᠡᠷᠢ ᠪᠠᠢᠳᠠᠯ ᠤᠨ ᠣᠨᠴᠠᠯᠢᠭ᠄ ᠨᠢᠭᠡ ᠨᠠᠰᠤᠲᠤ ᠡᠪᠡᠰᠦᠨ ᠤᠷᠭᠤᠮᠠᠯ᠂ ᠦᠷ᠎ᠡ ᠪᠡᠷ ᠦᠷᠡᠵᠢᠨ᠎ᠡ ᠃ ᠲᠠᠷᠬᠠᠯᠲᠠ ᠪᠠ ᠬᠣᠣᠷᠤᠯᠠᠯ᠄ ᠮᠠᠨᠠᠢ ᠤᠯᠤᠰ ᠤᠨ ᠣᠯᠠᠨ ᠭᠠᠵᠠᠷ ᠲᠠᠷᠬᠠᠵᠠᠢ ᠪᠠᠢᠨ᠎ᠠ ᠃ ᠲᠠᠷᠢᠮᠠᠯ ᠭᠠᠵᠠᠷ᠂ ᠵᠠᠮ ᠤᠨ ᠬᠠᠵᠠᠭᠤ᠂ ᠬᠣᠭᠣᠰᠤᠨ ᠭᠠᠵᠠᠷ ᠲᠤ ᠤᠴᠠᠷᠠᠨ᠎ᠠ ᠃ ᠭᠣᠣᠯ ᠲᠠᠷᠢᠮᠠᠯ ᠤᠨ ᠬᠣᠣᠷᠲᠤ ᠡᠪᠡᠰᠦ ᠪᠣᠯᠤᠨ᠎ᠠ ᠃

ᠬᠢᠮᠢ ᠶᠢᠨ ᠠᠷᠭ᠎ᠠ ᠪᠡᠷ ᠬᠣᠷᠢᠭᠯᠠᠬᠤ᠄ ᠬᠡᠷᠡᠭᠯᠡᠬᠦ ᠡᠮ ᠨᠢ ᠮᠠᠢ ᠴᠠᠣ ᠸᠧᠢ (麦草畏)᠂ ᠬᠦᠴᠢᠯᠲᠦᠷᠦᠭᠴᠢ ᠹᠲᠣᠷ ᠡᠴᠢᠯ ᠠᠮᠢᠨ (氧氟•乙草胺)᠂ ᠭᠤᠷᠪᠠᠨ ᠹᠲᠣᠷᠲᠤ ᠺᠠᠷᠪᠣᠺᠰᠢᠯ ᠡᠹᠢᠷ (三氟羧草醚)᠂ ᠰᠢ ᠮᠠ ᠵᠢᠨ (西玛津)᠂ ᠪᠠᠢ ᠴᠠᠣ ᠺᠦ (百草枯)᠂ ᠴᠠᠣ ᠭᠠᠨ ᠯᠢᠨ (草甘膦) ᠵᠡᠷᠭᠡ ᠪᠣᠢ ᠃

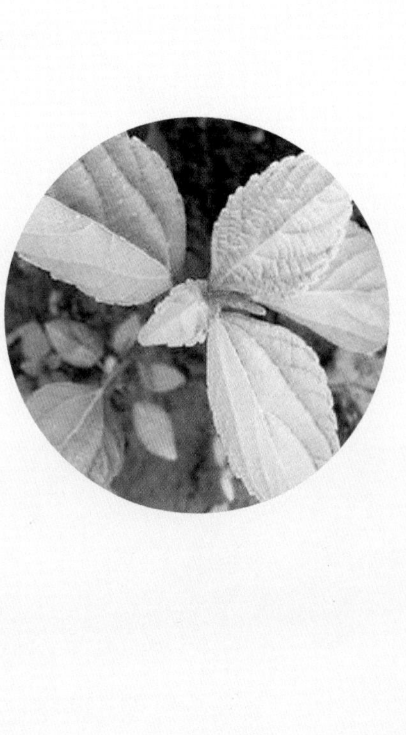

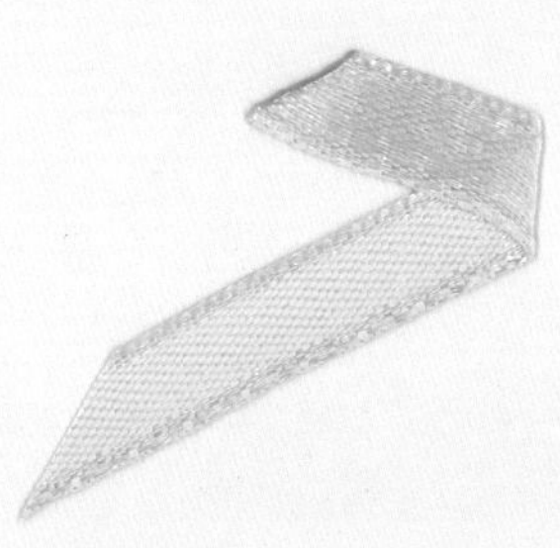

31. 泽漆

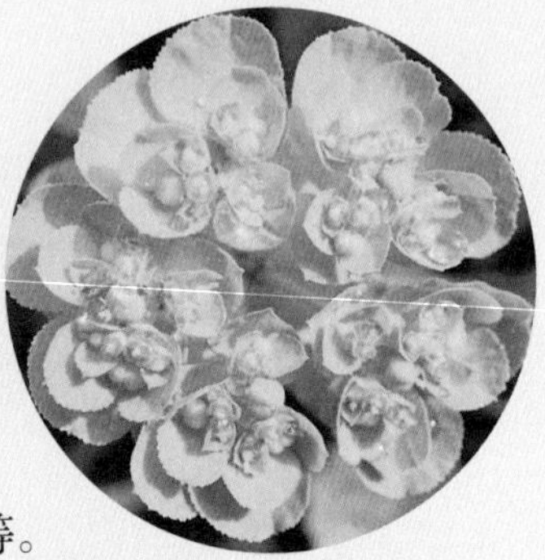

识别特征：二年生或一年生草本。全株含乳汁。茎自基部分枝。叶互生，近无柄，叶片倒卵形或匙形。茎顶端具5片轮生的叶状苞片。多歧聚伞花序顶生，有5枝伞梗，每伞梗再分2~3枚小伞梗，分枝处有3枚轮生的倒卵形苞叶。蒴果无毛；种子卵形，褐色。

防除指南：敏感除草剂有氧氟·乙草胺、麦草畏、氯氟吡氧乙酸、草甘膦、三氟羧草醚、氟乐灵等。

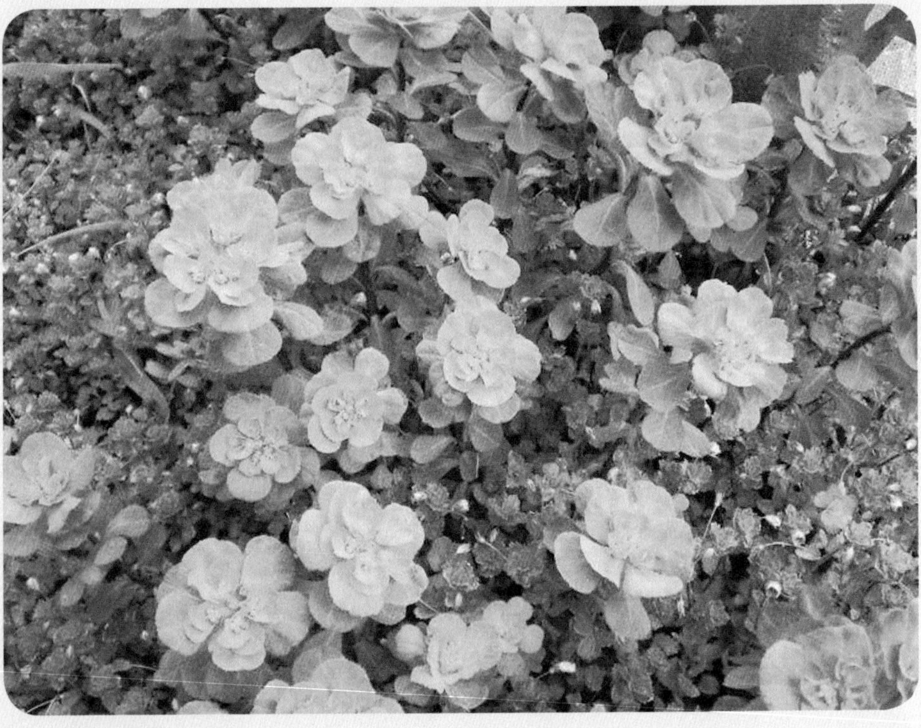

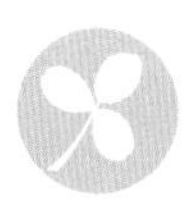

ᠬᠣᠶᠠᠷ ᠹᠲᠣᠷᠲᠤ ᠫᠢᠷᠢᠳᠢᠨ ᠣᠺᠰᠢ ᠡᠴᠡᠲᠦ ᠬᠦᠴᠢᠯ (氯氟吡氧乙酸)、ᠰᠢᠷᠪᠢᠯᠢᠭ ᠦᠨ ᠹᠣᠰᠹᠢᠨ (草甘膦)、ᠭᠤᠷᠪᠠᠨ ᠹᠲᠣᠷᠲᠤ ᠺᠠᠷᠪᠣᠺᠰᠢᠯ ᠡᠪᠡᠰᠦᠨ ᠦ ᠡᠹᠢᠷ (三氟羧草醚)、ᠹᠲᠣᠷ ᠯᠧ ᠯᠢᠩ (氟乐灵) ᠵᠡᠷᠭᠡ ᠪᠣᠢ᠃

ᠬᠡᠷᠡᠭᠯᠡᠬᠦ ᠠᠷᠭ᠎ᠠ: ᠨᠠᠪᠴᠢ ᠶᠢᠨ ᠭᠠᠳᠠᠷᠭᠤ ᠳᠤ ᠰᠠᠴᠤᠬᠤ ᠡᠪᠡᠰᠦᠨ ᠦ ᠬᠣᠷᠣ ᠡᠮ (氧氟·乙草胺)、ᠮᠠᠢ ᠴᠠᠣ ᠸᠧᠢ (麦草畏)、ᠲᠤᠯᠭᠠᠭᠤᠷᠢ ᠡᠮ ᠢ ᠬᠡᠷᠡᠭᠯᠡᠵᠦ ᠪᠣᠯᠣᠨ᠎ᠠ᠃ ᠰᠠᠴᠤᠬᠤ ᠬᠡᠮᠵᠢᠶ᠎ᠡ ᠶᠢ ᠬᠠᠷᠠᠭᠠᠯᠵᠠᠨ᠎ᠠ᠃

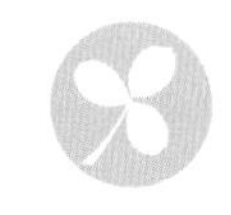

（六）菊科

32. 苍耳

识别特征：一年生草本。茎直立粗壮，多分枝。叶互生，具长柄，卵状三角形，边缘浅裂或有齿，两面有贴生糙状毛。花单性，雌雄同株，雄头状花序球形，淡黄绿色，密集枝顶；雌头状花序椭圆形，生于雄花序的下方，总苞有钩刺。

防除指南：合理组织作物轮作换茬，精选种子，适时中耕除草。敏感除草剂有氯氟吡氧乙酸、氧氟·乙草胺、苯磺隆、灭草松等。

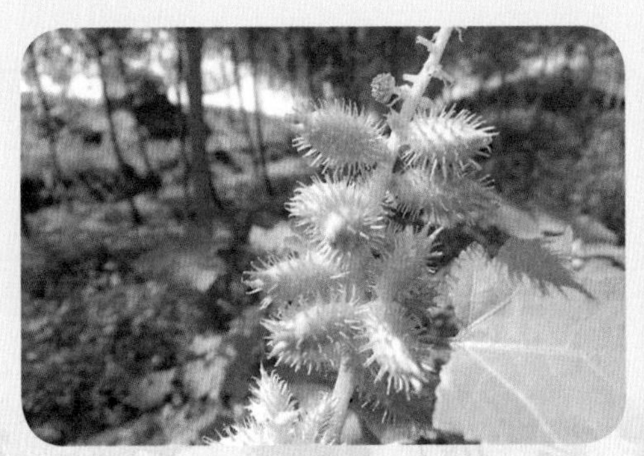

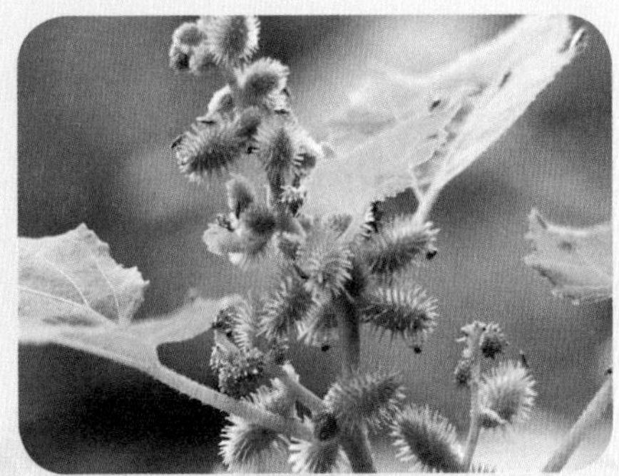

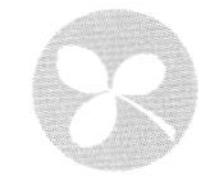

[illegible] (苯磺隆)· [illegible] (灭草松) [illegible] ::
[illegible] (氯氟吡氧乙酸)· [illegible] (氧氟·乙草胺)·

[illegible] ::

[illegible] ::

32. [illegible]

([illegible]) [illegible]

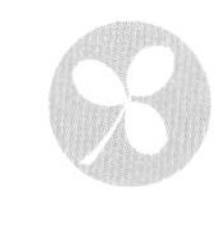

33. 刺儿菜

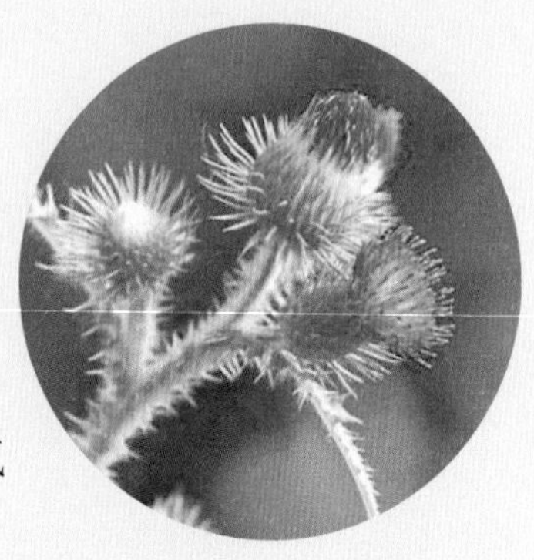

识别特征：多年生草本。具匍匐根茎。茎直立，有纵槽，幼茎被白色蛛丝状毛。叶互生，边缘齿裂，有不等长的针刺，两面均被蛛丝状绵毛。头状花序顶生，花管状，淡紫色，雌雄异株。瘦果椭圆形或长卵形，具纵棱，冠毛羽状。

防除指南：敏感除草剂有百草枯、吡草醚、氧氟·乙草胺等。

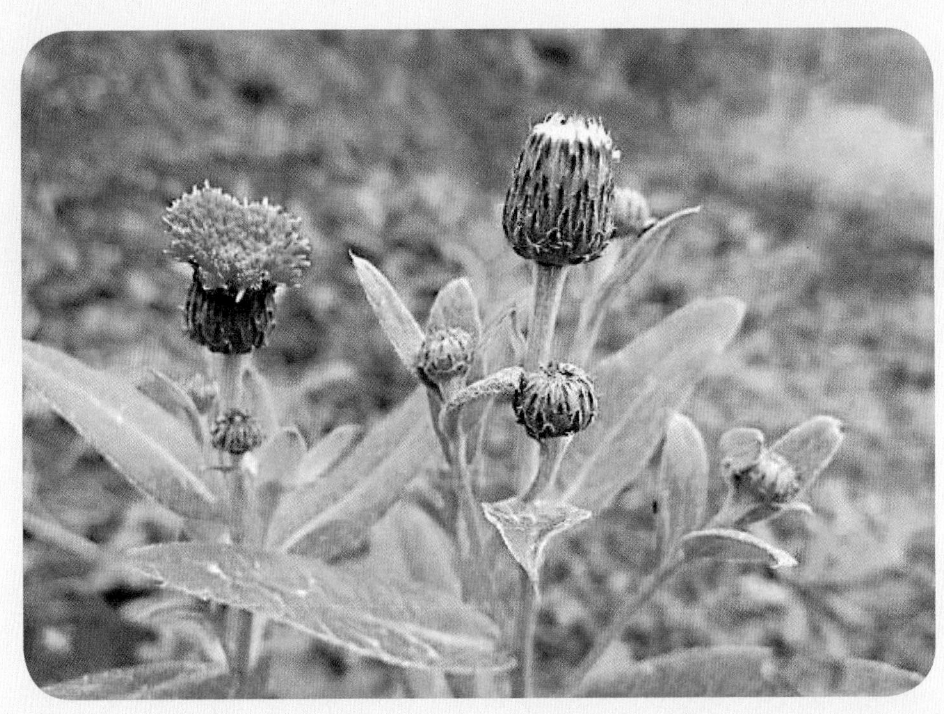

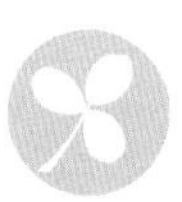

(氧氟·乙草胺) [illegible] ::

[illegible] (百草枯) · [illegible] (吡草醚) · [illegible] ::

[illegible] ::

33. [illegible]

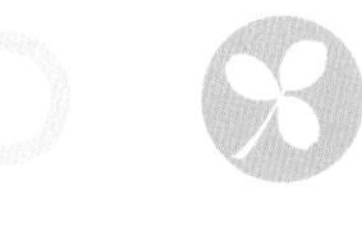

34. 飞廉

识别特征：二年生或多年生草本。茎直立，粗壮，有分枝，具条棱及绿色翼，翼具齿刺。叶互生，茎下部叶椭圆状披针形，羽状深裂，裂片边缘具刺；茎上部叶渐小。头状花序生于枝顶，总苞钟形，总苞片多层；花管状，紫红色。瘦果椭圆形，冠毛刺毛状，白色。

防除指南：敏感除草剂有苯磺隆、吡草醚、草甘膦、百草枯、莠去津等。

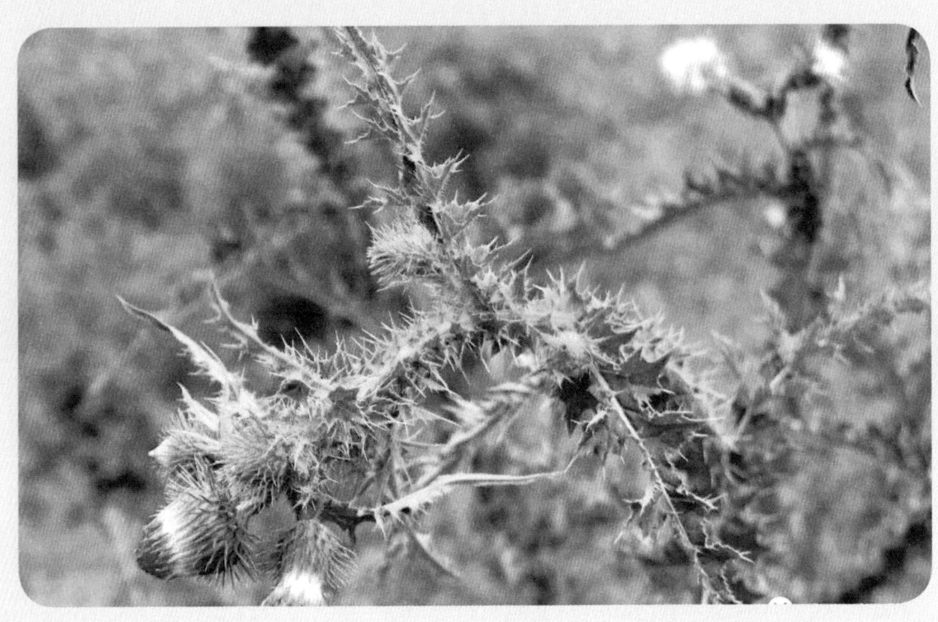

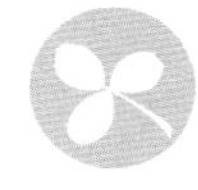

[illegible](百草枯)、[illegible](莠去津)[illegible]。

[illegible](苯磺隆)、[illegible](吡草醚)、[illegible](草甘膦)、[illegible]

34. [illegible]

35. 苣荬菜

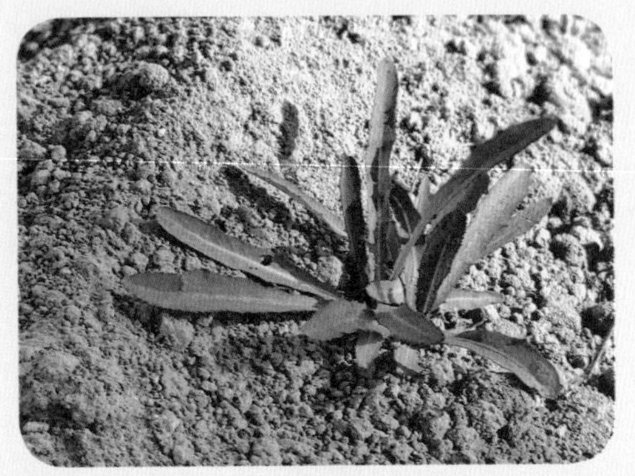

识别特征：多年生草本。茎直立，全株有乳汁。叶互生，披针形或长圆状披针形，基部耳状抱茎，边缘有疏缺刻或浅裂，缺刻及裂片都具尖齿。头状花序顶生，单一或呈伞房状；花全为舌状花，鲜黄色。瘦果长椭圆形，具纵棱，冠毛细软、白色。

防除指南：敏感除草剂有草甘膦、苯磺隆、异丙甲草胺、二氯吡啶酸等。

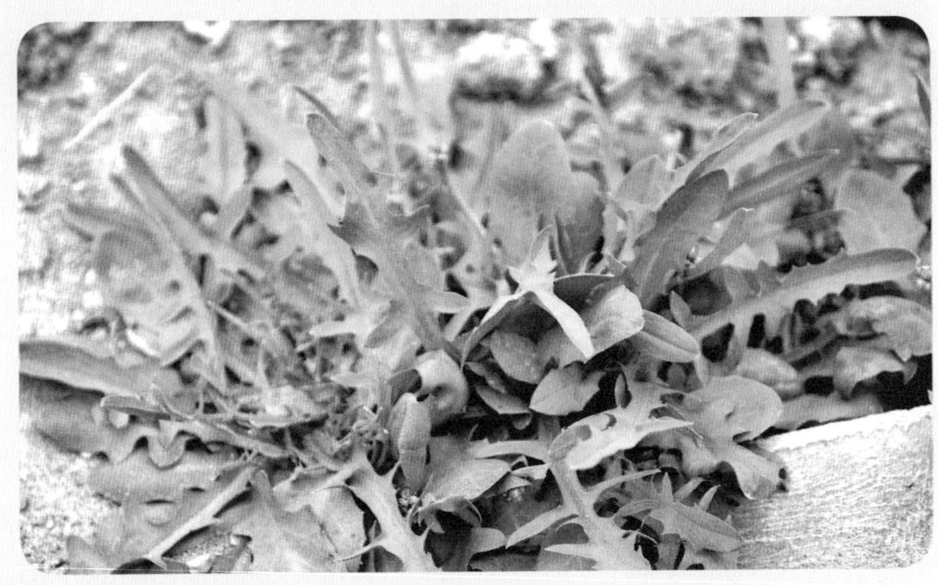

[illegible] (异丙甲草胺)᠂ [illegible] (二氯吡啶酸) [illegible] ᠃

[illegible] (草甘膦)᠂ [illegible] (苯磺隆)᠂ [illegible] ᠃

[illegible]

35. [illegible]

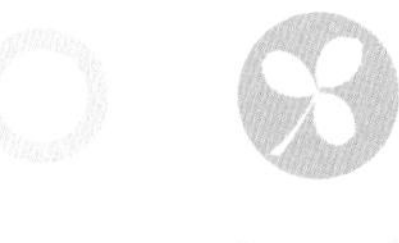

36. 苦苣菜

识别特征：二年生或一年生草本。茎直立，中空，有条棱，中上部及顶端有稀疏腺毛。叶片长椭圆状，深羽裂或提琴状羽裂，裂片边缘有不整齐的短刺状齿至小尖齿；基部尖，耳廓状抱茎。头状花序在茎顶排列成伞房状；舌状花，黄色。瘦果倒卵状椭圆形，冠毛白色、细软。

防除指南：敏感除草剂有灭草松、草甘膦、百草枯、莠灭净、三氟羧草醚等。

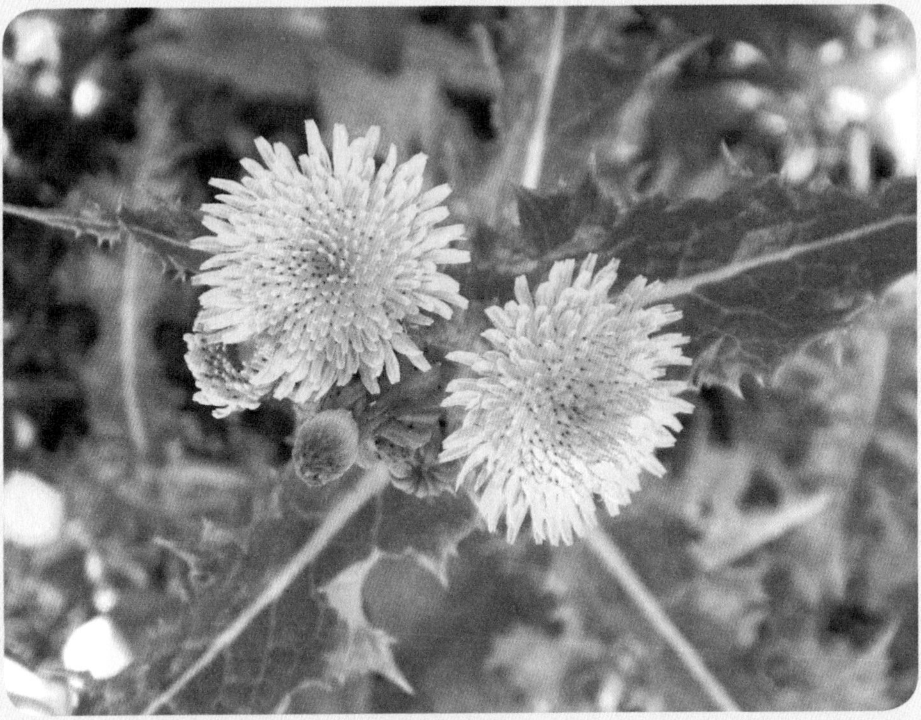

ᠮᠢᠶᠠᠨ ᠮᠢᠨ (莠灭净)᠂ ᠭᠤᠷᠪᠠᠯ ᠹᠲᠣᠷ ᠰᠢᠷᠤᠢ ᠡᠪᠡᠰᠦ ᠬᠣᠣᠷᠯᠠᠭᠴᠢ (三氟羧草醚) ᠮᠡᠲᠦ ᠪᠣᠯᠠᠢ᠃

ᠬᠠᠮᠢᠶᠠᠷᠤᠯᠬᠤ ᠠᠷᠭ᠎ᠠ ᠬᠡᠮᠵᠢᠶ᠎ᠡ᠄ ᠬᠣᠷᠣ ᠪᠠᠭ᠎ᠠ ᠠᠷᠢᠯᠭᠠᠬᠤ ᠡᠮ (灭草松)᠂ ᠡᠪᠡᠰᠦ ᠭᠠᠨ ᠯᠢᠨ (草甘膦)᠂ ᠵᠠᠭᠤᠨ ᠡᠪᠡᠰᠦ ᠬᠠᠵᠢ (百草枯)᠂ ᠲᠡᠷᠡ ᠴᠢᠯᠦᠭᠡᠲᠡᠢ ᠡᠨᠳᠡᠨ ᠢ ᠬᠡᠷᠡᠭᠯᠡᠵᠦ ᠠᠷᠢᠯᠭᠠᠬᠤ ᠪᠣᠯᠤᠮᠵᠢ ᠲᠠᠢ᠃

36. ᠬᠡᠪᠡᠯᠲᠡᠢ ᠪᠠᠭᠤᠯ

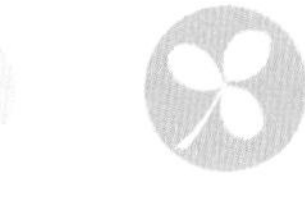

37. 鳢肠

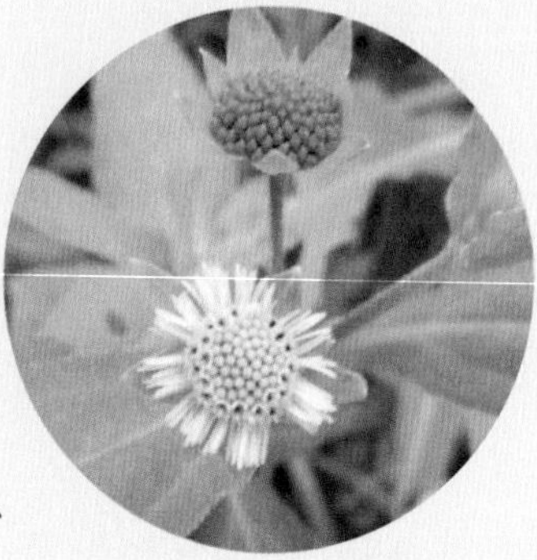

识别特征：一年生草本。茎自基部或上部分枝，绿色或红褐色，被伏毛。叶对生，无柄或基部叶具柄，两面被粗糙毛；叶片长披针形，全缘或具细锯齿。头状花序顶生或腋生；边花舌状，心花筒状。筒状花的瘦果三棱状，舌状花的瘦果四棱形，无冠毛。

防除指南：敏感除草剂有乙氧氟草醚、西玛津、吡嘧磺隆、禾草丹、毒草胺等。

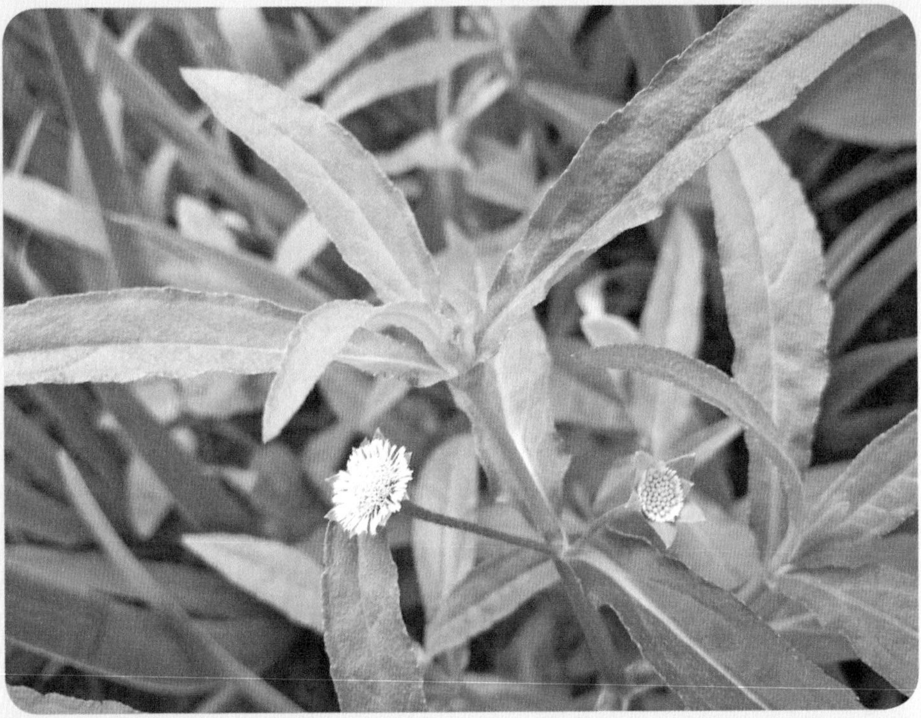

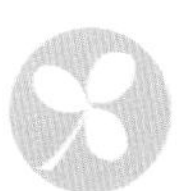

[illegible] (吡嘧磺隆)、[illegible] (禾草丹)、[illegible] (毒草胺) [illegible] ᠃
[illegible] (乙氧氟草醚)、[illegible] (西玛津)、[illegible] ᠃
[illegible]

37. [illegible]

38. 马兰

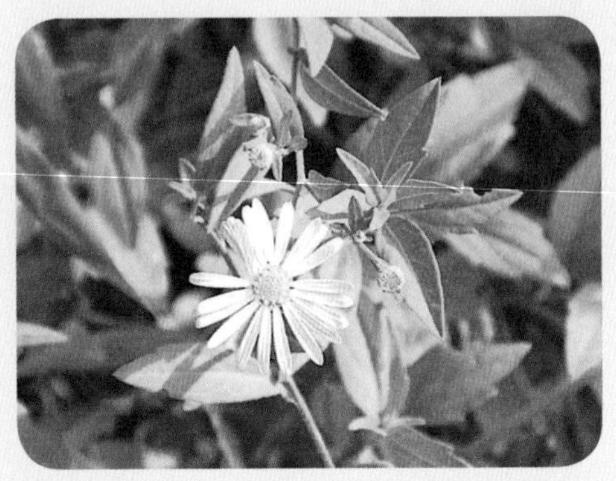

识别特征：多年生草本。具根茎。茎直立，有分枝。叶互生，倒披针状椭圆形，中部以上的边缘具不规则的粗大锯齿，两面近乎光滑或少有短毛。头状花序单生于枝顶，边花1列，舌状，淡蓝紫色；心花管状。黄色瘦果扁平，倒卵状椭圆形。

防除指南：敏感除草剂有草甘膦、乙草胺、苯磺隆、三氟羧草醚等。

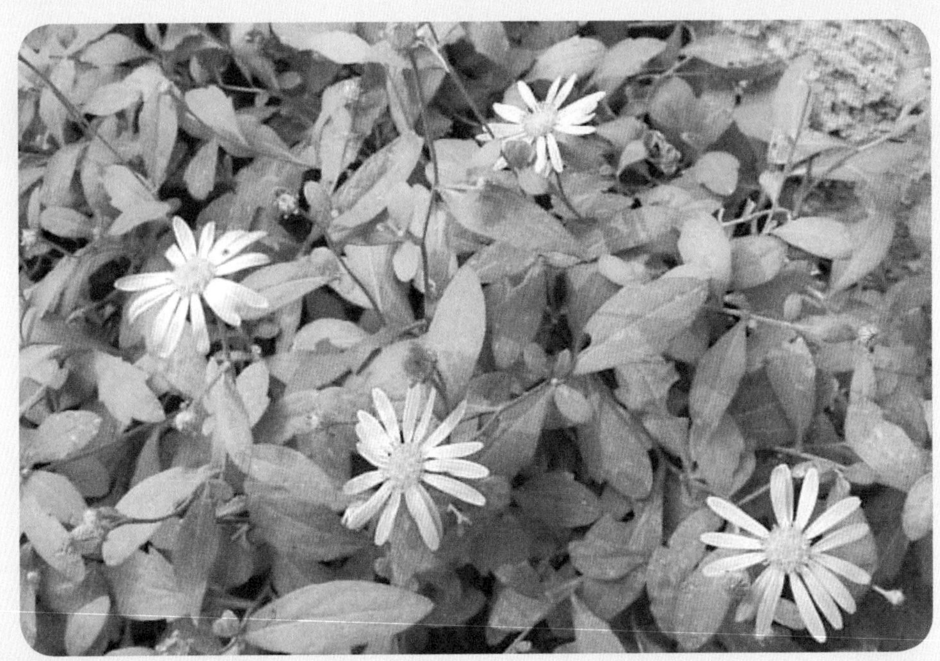

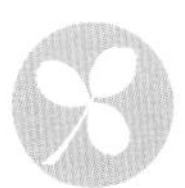

ᠭᠣᠣᠯᠳᠠᠨ ᠪᠦᠷᠢᠳᠬᠡᠯ ᠦᠭᠡᠰ ᠬᠣᠷᠣᠯ ᠲᠠᠷᠢᠶᠠᠨ (三氟羧草醚) ᠵᠡᠷᠭᠡ ᠪᠣᠢ ::

ᠬᠡᠷᠡᠭᠯᠡᠬᠦ ᠠᠷᠭ᠎ᠠ ᠬᠡᠮᠵᠢᠶ᠎ᠡ : ᠬᠣᠷᠣ ᠬᠣᠯᠢᠭ ᠠᠷᠢᠯᠭᠠᠬᠤ ᠶᠢᠨ ᠡᠮ (草甘膦) · ᠬᠣᠷᠣ ᠬᠣᠯᠢᠭ ᠠᠮᠢᠨ (乙草胺) · ᠪᠸᠨ ᠰᠤᠯᠹᠣᠨ (苯磺隆) · ᠨᠢᠭᠡᠨ ᠲᠠᠯ᠎ᠠ ᠶᠢᠨ ᠦᠨᠳᠦᠰᠦ ᠪᠡᠷ ᠠᠷᠢᠯᠭᠠᠬᠤ ᠡᠮ ᠪᠣᠢ :: ᠭᠠᠷᠤᠭᠰᠠᠨ ᠦᠪᠡᠰᠦ ᠶᠢ ᠠᠷᠢᠯᠭᠠᠬᠤ · ᠭᠠᠵᠠᠷ ᠲᠠᠷᠢᠶᠠᠨ ᠤ ᠬᠡᠮᠵᠢᠶ᠎ᠡ ᠶᠢ ᠨᠡᠮᠡᠭᠦᠯᠬᠦ · ᠲᠤᠰ ᠤᠨ ᠡᠮ ᠢᠶᠡᠷ ᠠᠷᠢᠯᠭᠠᠬᠤ ᠳᠤ ᠬᠡᠷᠡᠭᠯᠡᠬᠦ ᠪᠣᠢ · ᠭᠠᠵᠠᠷ ᠪᠣᠯᠤᠨ ᠪᠣᠢ :: ᠬᠡᠷᠡᠭᠯᠡᠬᠦ ᠳᠡᠭᠡᠨ ᠭᠠᠷᠤᠭᠰᠠᠨ ᠦᠪᠡᠰᠦ ᠶᠢᠨ ᠰᠠᠯᠠᠭ᠎ᠠ ᠶᠢ ᠠᠷᠢᠯᠭᠠᠬᠤ ᠪᠣᠢ · ᠲᠠᠷᠢᠶᠠᠨ ᠤ ᠦᠪᠡᠰᠦ ᠶᠢ ᠬᠠᠮᠠᠭᠠᠯᠠᠬᠤ ᠬᠡᠷᠡᠭᠲᠡᠢ :: ᠬᠡᠷᠡᠭᠯᠡᠬᠦ ᠡᠮ ᠦᠨ ᠬᠡᠮᠵᠢᠶ᠎ᠡ ᠶᠢ ᠪᠠᠷᠢᠮᠲᠠᠯᠠᠬᠤ · ᠳᠠᠬᠢᠨ ᠬᠡᠷᠡᠭᠯᠡᠬᠦ ᠪᠣᠢ :: ᠲᠠᠷᠢᠶᠠᠨ ᠤ ᠬᠣᠷᠣᠯ ᠢ ᠠᠷᠢᠯᠭᠠᠬᠤ · ᠬᠠᠮᠠᠭᠠᠯᠠᠬᠤ ::

38. ᠰᠠᠷᠠᠯᠵᠢᠨ ᠡᠪᠡᠰᠦ

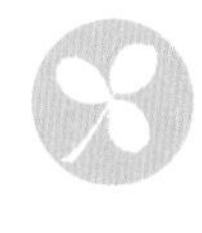

39. 女菀

识别特征：多年生草本。茎直立。叶互生，有短柄，线状披针形，稍反卷，叶背有密短毛及腺点。头状花序密集成复伞房状，边花舌状，淡红紫色；心花管状，黄色。瘦果长圆形，冠毛灰白色或带红色。

防除指南：敏感除草剂有草甘膦、百草枯、乙氧氟草醚等。

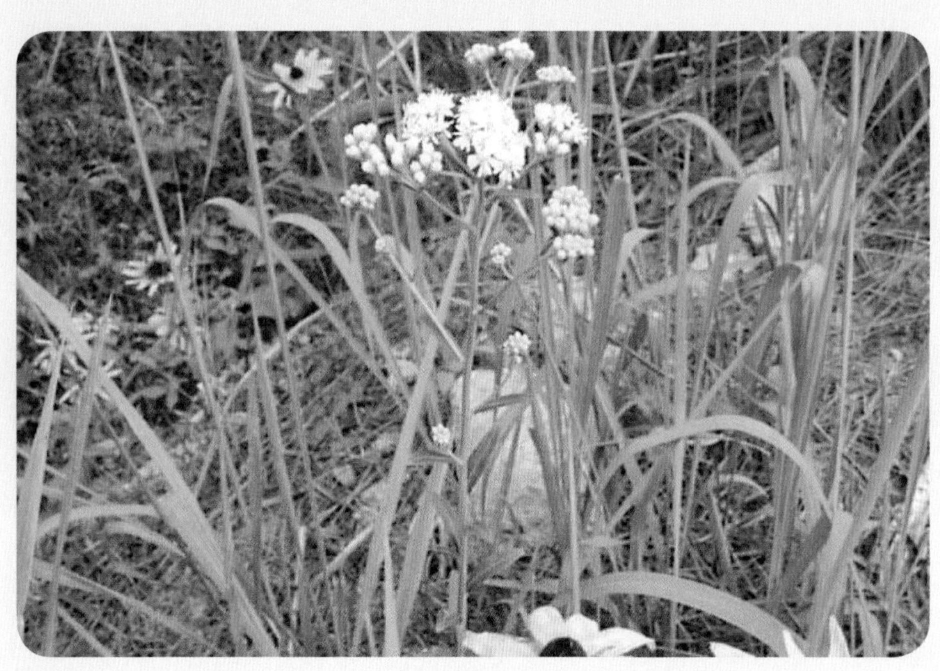

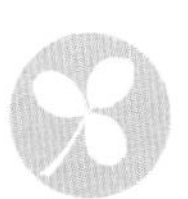

(乙氧氟草醚) (草甘膦) (百草枯)

39.

40. 蒲公英

识别特征：多年生草本。叶基生，莲座状开展，叶片狭倒披针形，倒向羽状分裂，基部渐成短柄。花由叶丛中抽出，花葶直立，中空头状花序单生于葶顶；舌状花，亮黄色。瘦果，浅黄褐色，冠毛白色。

防除指南：适时中耕除草，并在种子成熟前彻底清除田旁空地、渠堤等处的杂草。敏感除草剂有敌草胺、草甘膦、百草枯、乙氧氟草醚等。

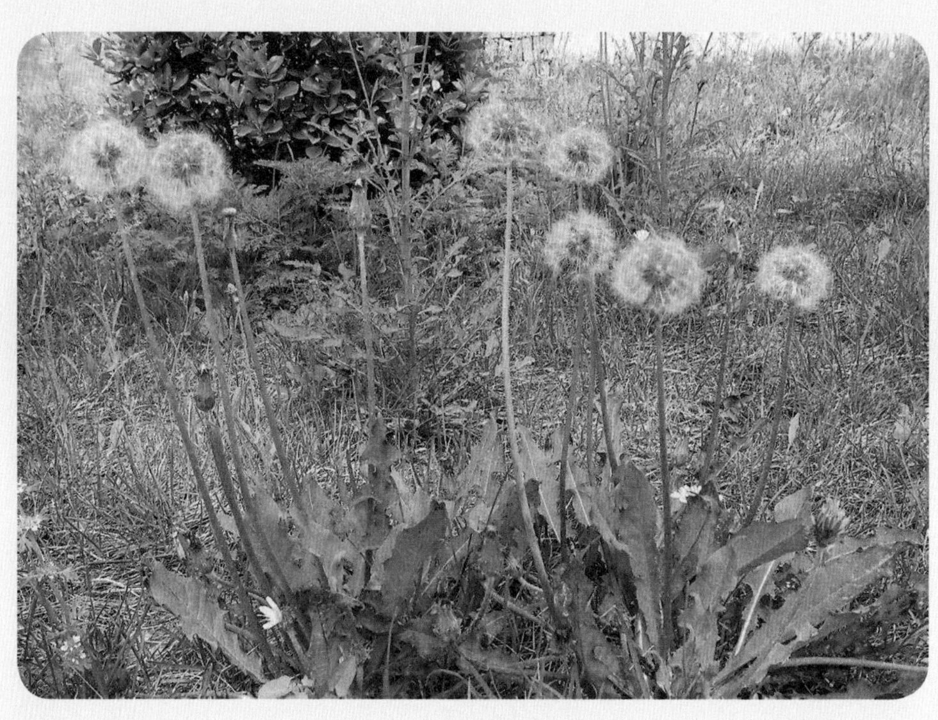

[illegible]（乙氧氟草醚）[illegible] ᠃᠃

[illegible]（敌草胺）、[illegible]（草甘膦）、[illegible]（百草枯）、[illegible]

[illegible]

40. [illegible]

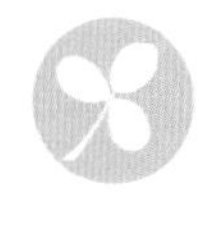

41. 中华苦荬菜

识别特征：多年生草本。全株含乳汁，无毛。基生叶丛生，倒披针形，边缘有稀疏浅齿至羽状深裂，基部狭窄成柄；茎生叶互生，向上渐小，无柄，稍抱茎。头状花序排成伞房状圆锥花序，花白色或黄色。瘦果红棕色，狭披针形。

防除指南：敏感除草剂有乙氧氟草醚、百草枯、苄嘧磺隆、氧氟·乙草胺、灭草松等。

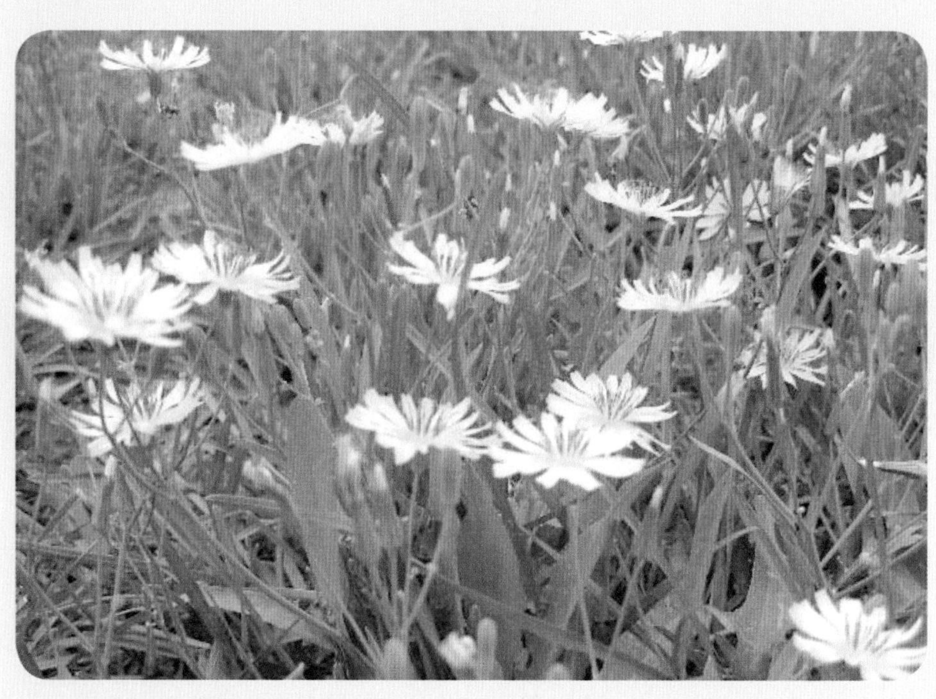

(苄嘧磺隆)，(氧氟 • 乙草胺)，(灭草松)

(乙氧氟草醚)，(百草枯)

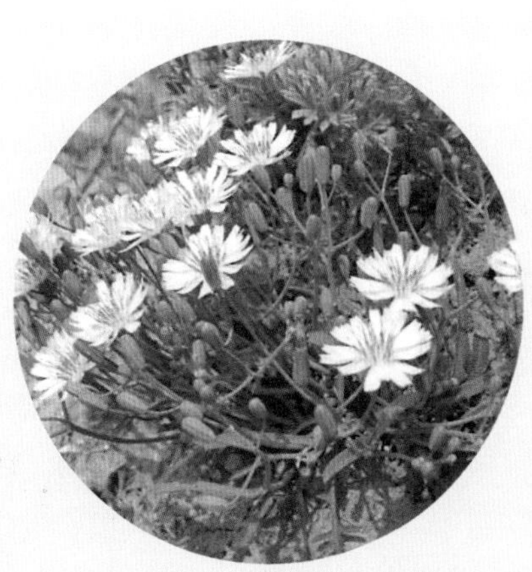

41.

42. 天名精

识别特征：多年生草本。全株被白色毛。茎直立，质略硬。叶互生，茎下部叶大，卵状长圆形，边缘有不整齐锯齿；茎上部叶小，披针形，几乎全缘。头状花序，单生于茎端或分枝的顶端，下垂；管状花，黄色。瘦果细长，无冠毛。

防除指南：敏感除草剂有乙氧氟草醚、草甘膦、百草枯、苯磺隆等。

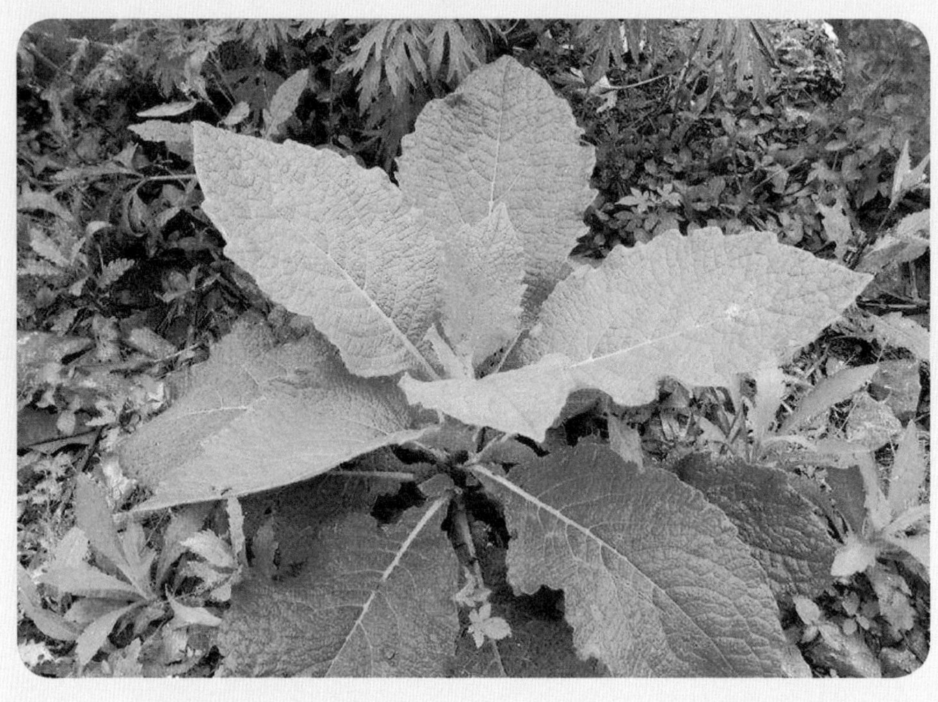

(百草枯) [illegible] (苯磺隆) [illegible]

[illegible] (乙氧氟草醚) [illegible] (草甘膦) [illegible]

42. [illegible]

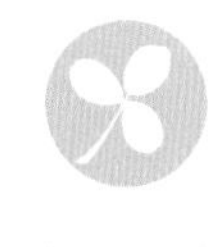

43. 小蓬草

识别特征：二年生或一年生草本。茎直立，具粗糙毛和细条纹。叶互生，叶柄短或不明显；叶片窄披针形，有微锯齿，有长睫毛。头状花序具短梗，多数密集成圆锥状，白色至微带紫色。瘦果扁长圆形，冠毛污白色。

防除指南：敏感除草剂有苯磺隆、灭草松、麦草畏等。

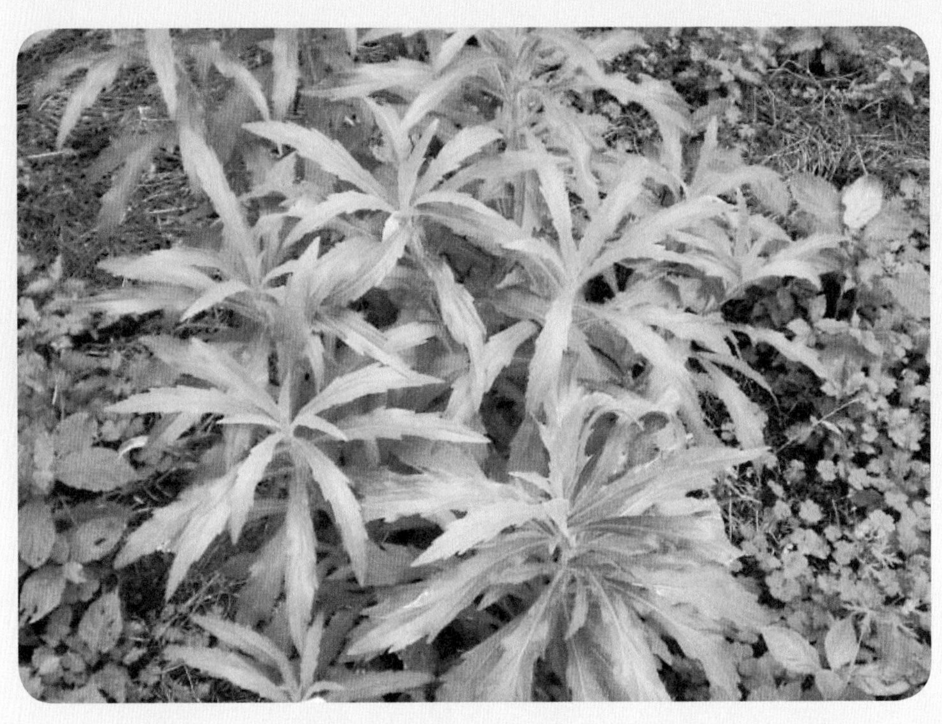

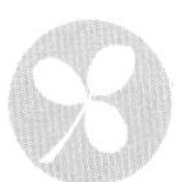

[illegible] ᠪᠣᠢ ::

[illegible] : [illegible] ᠪᠧᠨ ᠬᠤᠸᠠᠩ ᠯᠦᠩ (苯磺隆)、ᠮᠢᠶᠧ ᠴᠣᠤ ᠰᠦᠩ (灭草松)、ᠮᠠᠢ ᠴᠣᠤ ᠸᠧᠢ (麦草畏) [illegible] ::

43. [illegible]

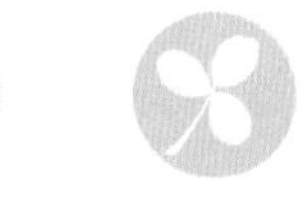

44. 野艾蒿

识别特征：多年生草本。茎直立，具条棱，密被白色蛛丝状绵毛。叶互生，叶片1~2回羽状全裂，表面绿色，疏被蛛丝状毛，背面密被灰白色蛛丝状绵毛。头状花序多数，排列成狭圆锥花序；花筒状，略带红色。瘦果长圆形。

防除指南：敏感除草剂有草甘膦、百草枯、麦草畏、苯磺隆等。

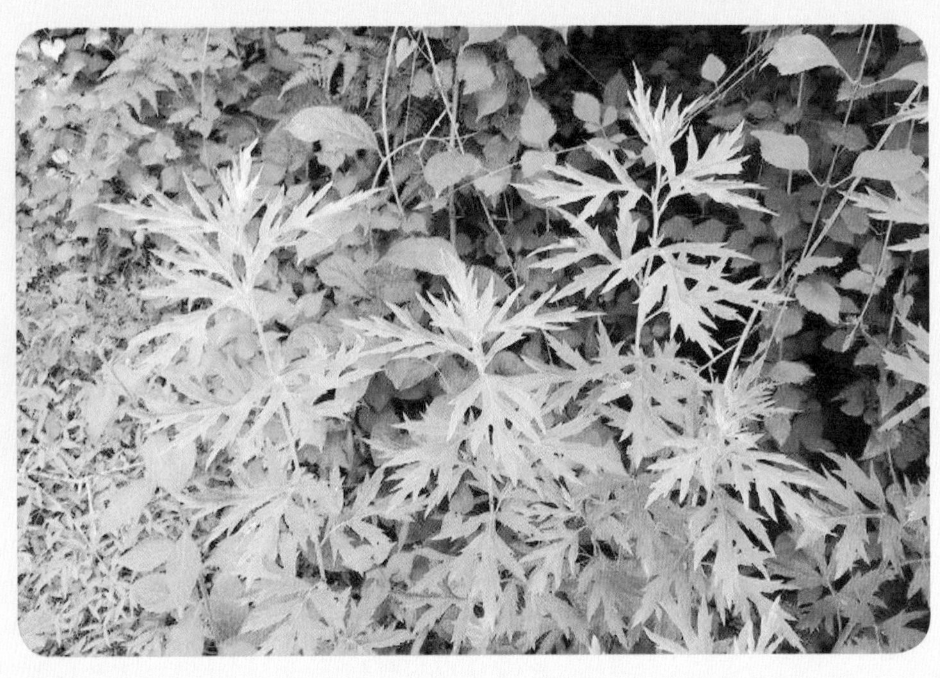

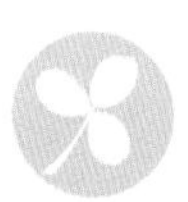

44.

1 ～ 2

(草甘膦)、(百草枯)、(麦草畏)、

(苯磺隆)

45. 一年蓬

识别特征：二年生或一年生草本。全株有短毛。茎直立，上部分枝。基生叶丛生；茎生叶互生，长椭圆形，边缘有钝齿。头状花序排列成圆锥状或伞房状，边花舌状，白色或淡紫色；心花管状，黄色。瘦果扁平，有鳞片状冠毛和糙毛。

防除指南：合理进行水旱轮作，适时中耕除草。敏感除草剂有灭草松、麦草畏、百草枯、苯磺隆等。

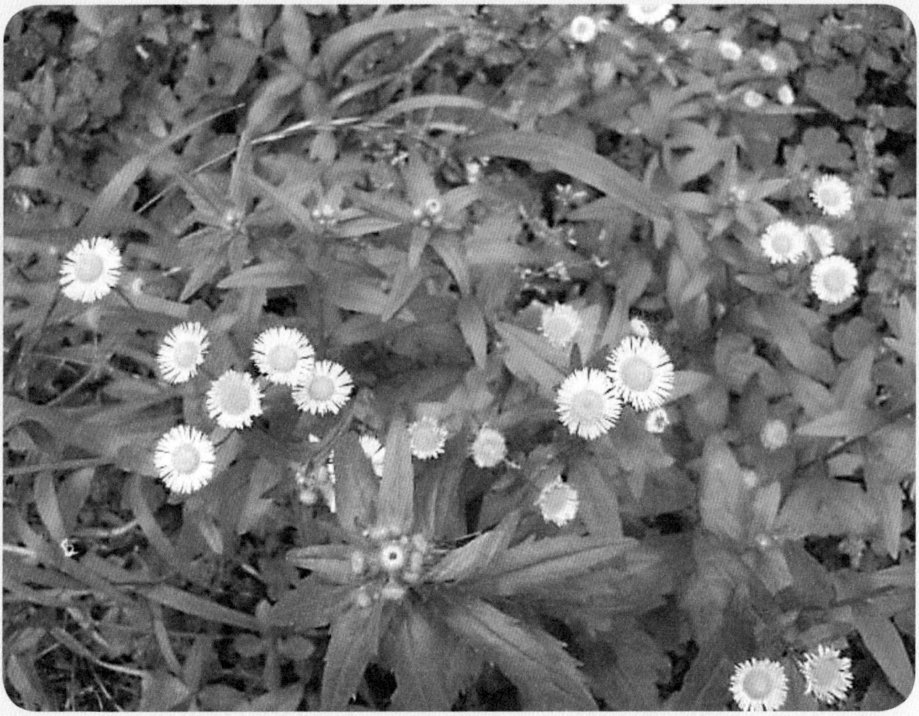

[illegible] (灭草松)、[illegible] (麦草畏)、[illegible] (百草枯)、[illegible] (苯磺隆) [illegible]

[illegible]

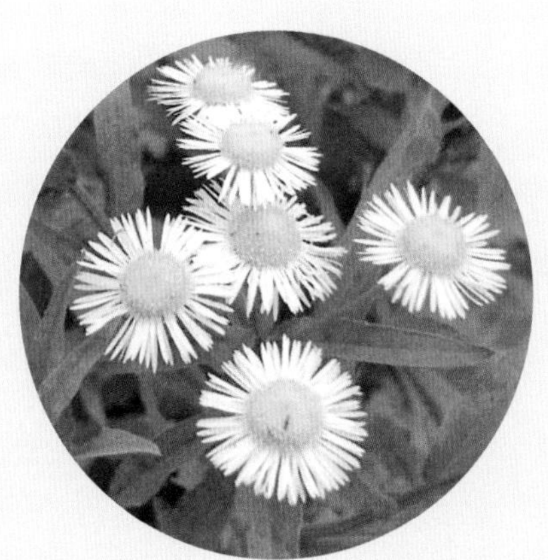

45. [illegible]

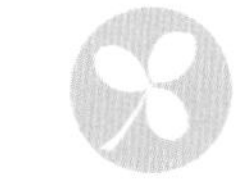

（七）藜科

46. 地肤

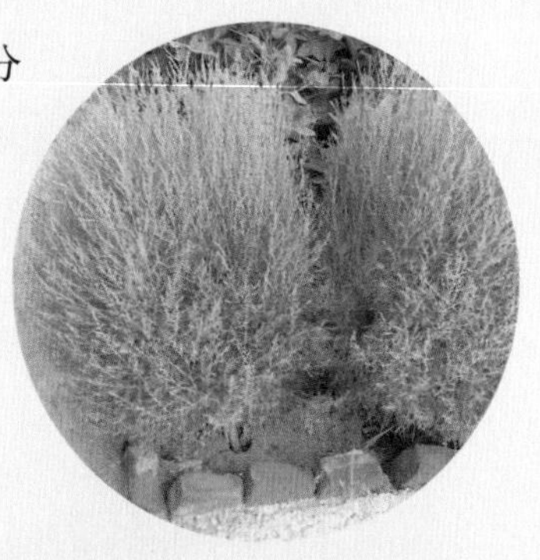

识别特征：一年生草本。茎直立，多分枝；分枝与小枝散射或斜生，淡绿色或浅红色。叶无柄，叶片线形或披针形，全缘，无毛或有短柔毛。花无梗，1~2朵生于叶腋。胞果扁球形，包在草质花被内。

防除指南：合理轮作，适时中耕除草。敏感除草剂有西草净、苯磺隆、噻吩磺隆、麦草畏、草甘膦等。

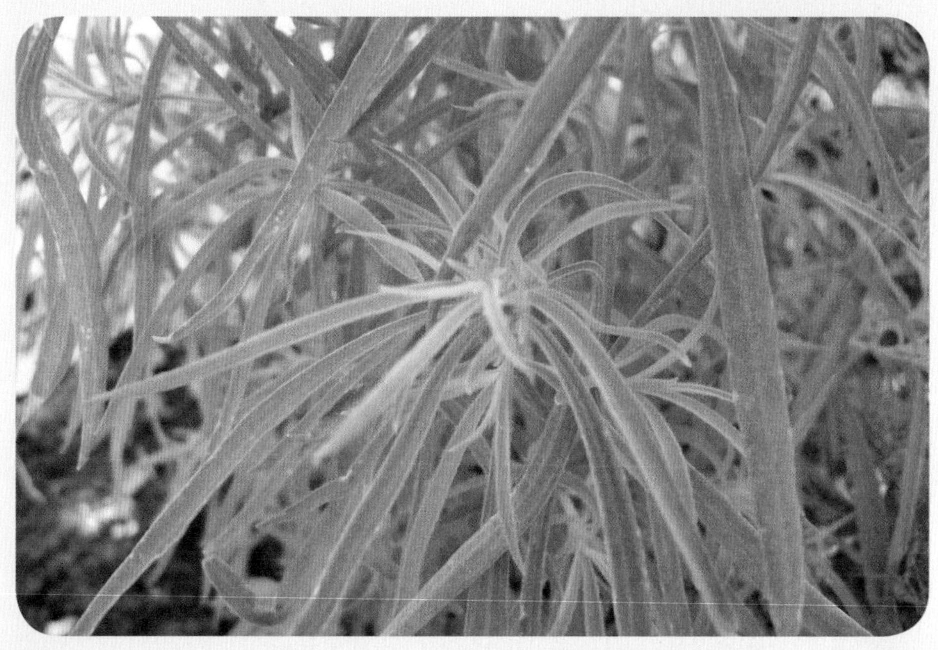

净）、[illegible]（苯磺隆）、[illegible]（噻吩磺隆）、[illegible]（麦草畏）、[illegible]（草甘膦）[illegible]

[illegible]（西草[illegible]

[illegible] 1 ~ 2 [illegible]

46. [illegible]

（[illegible]）[illegible]

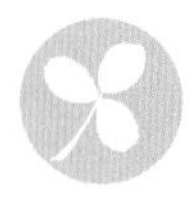

47. 灰绿藜

识别特征：一年生草本。茎自基部分枝，有沟槽与条纹。叶片厚，椭圆状卵形，边缘有波状齿，表面绿色，背面灰白色，密被粉粒，中脉明显。花簇短穗状，腋生或顶生。胞果伸出花被片，黄白色；种子扁圆，暗褐色。

防除指南：敏感除草剂有草甘膦、百草枯、甲草胺、异丙甲草胺、噁草酮、氟乐灵等。

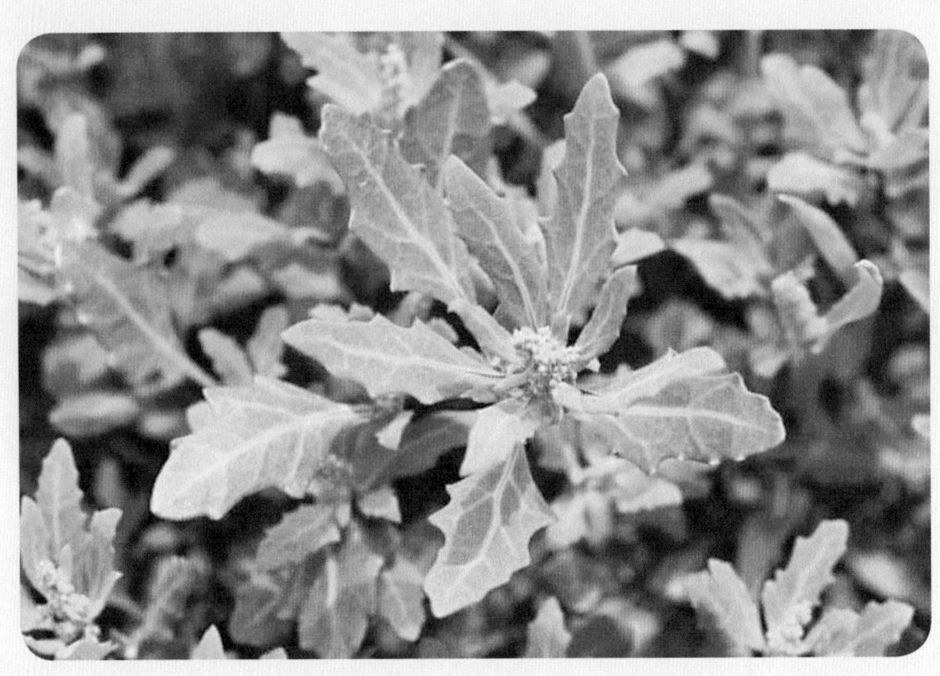

47. ᠪᠣᠭᠣᠨ ᠨᠠᠭᠤᠷᠰᠤᠨ ᠨᠤᠭ᠎ᠠ

ᠠᠮᠢᠳᠤ ᠪᠣᠯᠤᠨ ᠣᠷᠴᠢᠨ ᠲᠣᠭᠣᠷᠢᠭᠯᠠᠬᠤ : ᠬᠠᠷᠢ ᠭᠠᠵᠠᠷ ᠤᠨ ᠬᠣᠷᠢᠭ᠎ᠠ ᠬᠢᠨᠠᠯᠲᠠ ᠪᠡᠨ ᠴᠢᠩᠭᠠᠳᠬᠠᠬᠤ :: ᠡᠨᠡ ᠢ᠋ ᠰᠠᠢᠲᠤᠷ ᠬᠢᠨᠠᠨ ᠰᠢᠯᠭᠠᠬᠤ ᠳᠤ ᠬᠠᠮᠢᠶ᠎ᠠ ᠲᠠᠢ :: ᠲᠠᠷᠢᠮᠠᠯ ᠤᠨ ᠦᠷ᠎ᠡ ᠶᠢ ᠴᠡᠪᠡᠷᠯᠡᠬᠦ · ᠲᠠᠷᠢᠮᠠᠯ ᠤᠨ ᠬᠤᠪᠢᠶᠠᠷᠢ ᠶᠢ ᠰᠠᠢᠵᠢᠷᠠᠭᠤᠯᠬᠤ :: ᠬᠢᠷᠤ ᠳᠤ ᠣᠷᠣᠰᠢᠭᠰᠠᠨ ᠦᠷ᠎ᠡ ᠶᠢ ᠤᠰᠠᠳᠬᠠᠬᠤ · ᠬᠠᠷᠢᠶᠠᠯᠠᠬᠤ ᠪᠤᠰᠤ ᠦᠷ᠎ᠡ ᠶᠢ ᠬᠤᠷᠢᠶᠠᠬᠤ :: ᠲᠠᠷᠢᠮᠠᠯ ᠤᠨ ᠭᠠᠵᠠᠷ ᠢ᠋ ᠭᠦᠨ ᠬᠠᠭᠤᠯᠬᠤ · ᠭᠠᠵᠠᠷ ᠢ᠋ ᠲᠡᠭᠰᠢᠯᠡᠬᠦ :: ᠲᠠᠷᠢᠮᠠᠯ ᠤᠨ ᠬᠣᠭ ᠨᠣᠭ᠎ᠠ ᠶᠢ ᠴᠡᠪᠡᠷᠯᠡᠬᠦ ::

ᠬᠢᠮᠢ ᠶᠢᠨ ᠠᠷᠭ᠎ᠠ ᠬᠡᠮᠵᠢᠶ᠎ᠡ : ᠬᠡᠷᠡᠭᠯᠡᠵᠦ ᠪᠣᠯᠬᠤ ᠡᠮ (草甘膦)、ᠪᠠᠶᠢ ᠴᠣ ᠬᠦ (百草枯)、ᠵᠢᠶᠠ ᠴᠣ ᠠᠨ (甲草胺)、ᠢ ᠪᠢᠩ ᠵᠢᠶᠠ ᠴᠣ ᠠᠨ (异丙甲草胺)、ᠴᠢᠨ ᠴᠣ ᠲᠦᠩ (嗪草酮)、ᠹᠦ ᠯᠧ ᠯᠢᠩ (氟乐灵) ᠵᠡᠷᠭᠡ ᠪᠣᠢ ::

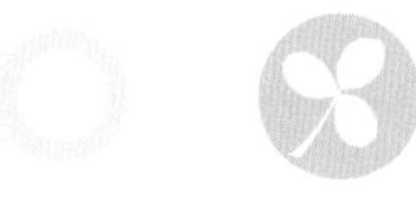

48. 藜

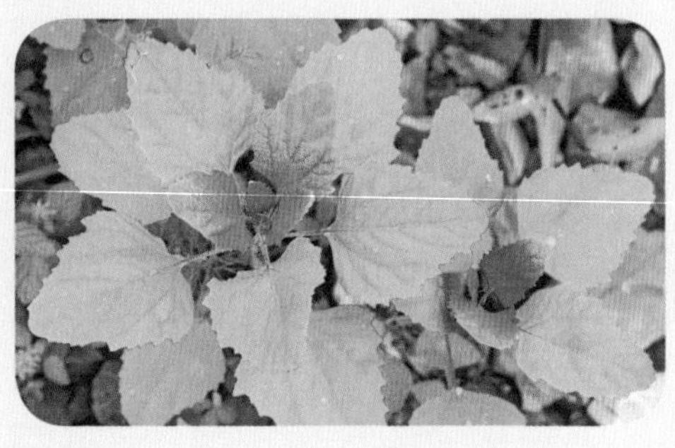

识别特征：一年生草本。茎直立，粗壮，上部多分枝。叶片菱形至卵形，边缘具不整齐的波状钝锯齿，表面深绿色，平滑；背面浅绿色，幼时被紫红色粉粒，老后变无粉。顶生大型圆锥花序，果期通常下垂；花绿色或暗紫红色。种子黑色或棕色，扁圆形。

防除指南：合理轮作，全面深耕，施用腐熟的农家肥料，适时中耕除草。敏感除草剂有甲草胺、异丙甲草胺、氟磺胺草醚、草甘膦、百草枯等。

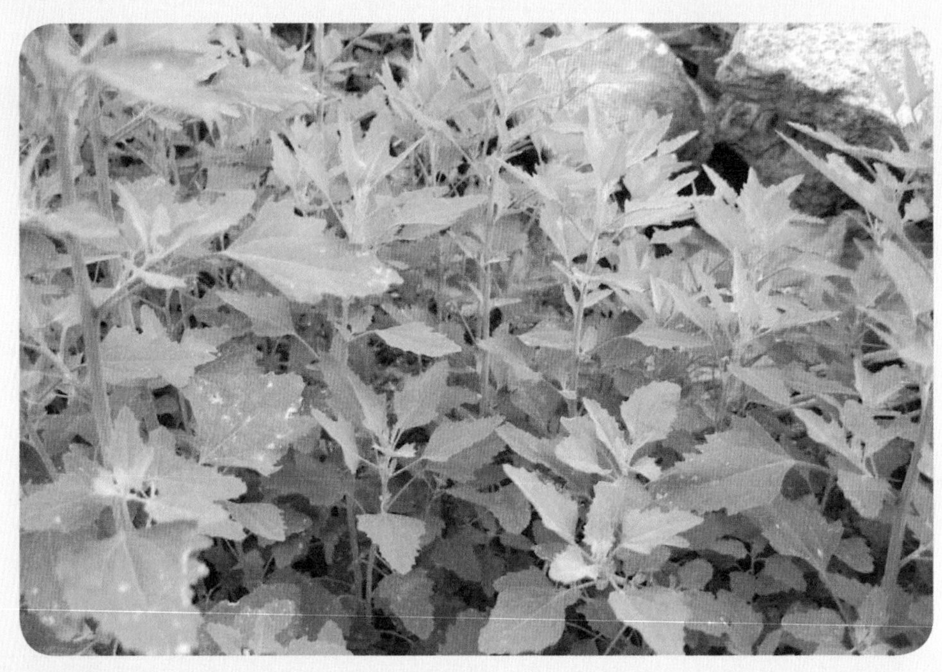

[illegible] (氟磺胺草醚)、[illegible] (草甘膦)、[illegible] (百草枯) [illegible] ::
[illegible] (甲草胺)、[illegible] (异丙甲草胺)、[illegible]

[illegible] ::

[illegible] ::

48. [illegible]

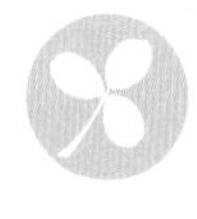

49. 杖藜

识别特征：一年生草本。茎直立，粗壮，具条棱及绿色和紫色条纹，上部多分枝。叶大，具长柄，叶片菱形至卵形，表面深绿色，平滑；背面浅绿色，幼时被紫红色粉粒，老后变无粉。顶生大型圆锥花序，果期通常下垂；花绿色或暗紫红色。种子黑色或棕色，扁圆形。

防除指南：敏感除草剂有氯氟吡氧乙酸、草甘膦、毒草胺、乙氧氟草醚、百草枯、禾草丹等。

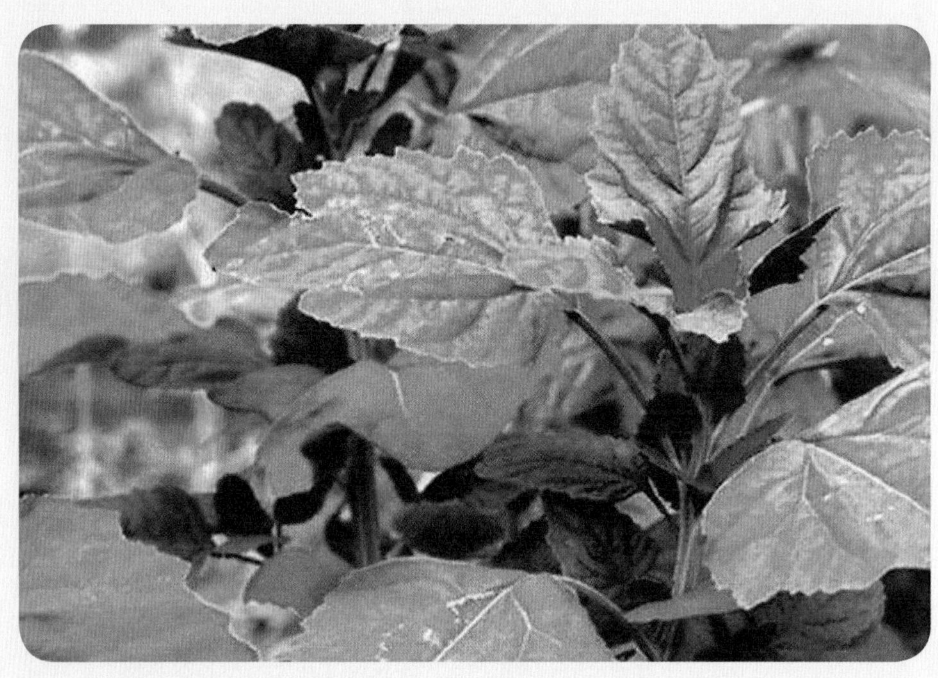

(草甘膦)، ᠪᠤ ᠡᠪᠡᠰᠦ ᠢᠨ (毒草胺)، ᠬᠣᠣᠷᠲᠤ ᠡᠪᠡᠰᠦ ᠠᠮᠢᠨ ᠡᠲᠢᠯ (乙氧氟草醚)، ᠵᠠᠭᠤ ᠡᠪᠡᠰᠦ ᠬᠠᠷ (百草枯)، ᠲᠠᠷᠢᠶ᠎ᠠ ᠡᠪᠡᠰᠦ ᠳᠠᠨ (禾草丹) ᠵᠡᠷᠭᠡ ᠪᠤᠢ ᠃
ᠬᠡᠷᠡᠭᠯᠡᠬᠦ ᠠᠷᠭ᠎ᠠ: ᠬᠠᠪᠤᠷ ᠬᠣᠯᠪᠤ ᠬᠠᠮᠠᠭᠠᠯᠠᠯ ᠤᠨ ᠠᠷᠭ᠎ᠠ ᠪᠠᠷ ᠵᠣᠬᠢᠶᠠᠨ ᠪᠠᠢᠭᠤᠯᠬᠤ ᠬᠡᠷᠡᠭᠲᠡᠢ (氯氟吡氧乙酸)، ᠬᠣᠣᠷᠲᠤ ᠡᠪᠡᠰᠦ ᠢ ᠬᠠᠮᠠᠭᠠᠯᠠᠬᠤ ᠬᠡᠷᠡᠭᠲᠡᠢ ᠪᠣᠯᠤᠨ᠎ᠠ᠃ ᠬᠣᠣᠷᠲᠤ ᠶᠢᠨ ᠬᠡᠮᠵᠢᠶ᠎ᠡ ᠶᠢ ᠬᠠᠷᠭᠠᠯᠵᠠᠨ ᠪᠣᠯᠭᠣᠭᠠᠳ ᠬᠡᠷᠡᠭᠯᠡᠬᠦ ᠬᠡᠷᠡᠭᠲᠡᠢ ᠪᠤᠢ᠃

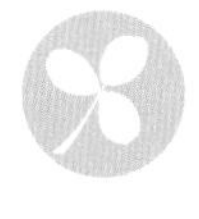

（八）蓼科

50. 齿果酸模

识别特征：二年生或一年生草本。茎直立，多分枝，表面具沟纹，无毛。基生叶具长柄，长圆形，边缘波状或微皱波状，两面均无毛；茎生叶具短柄，托叶鞘膜质，筒状。花序圆锥状，顶生；花两性，簇生于叶腋，呈轮状排列，无毛。瘦果卵状三棱形，褐色。

防除指南：合理轮作，适时中耕除草。敏感除草剂有草甘膦、百草枯、乙氧氟草醚、氟乐灵等。

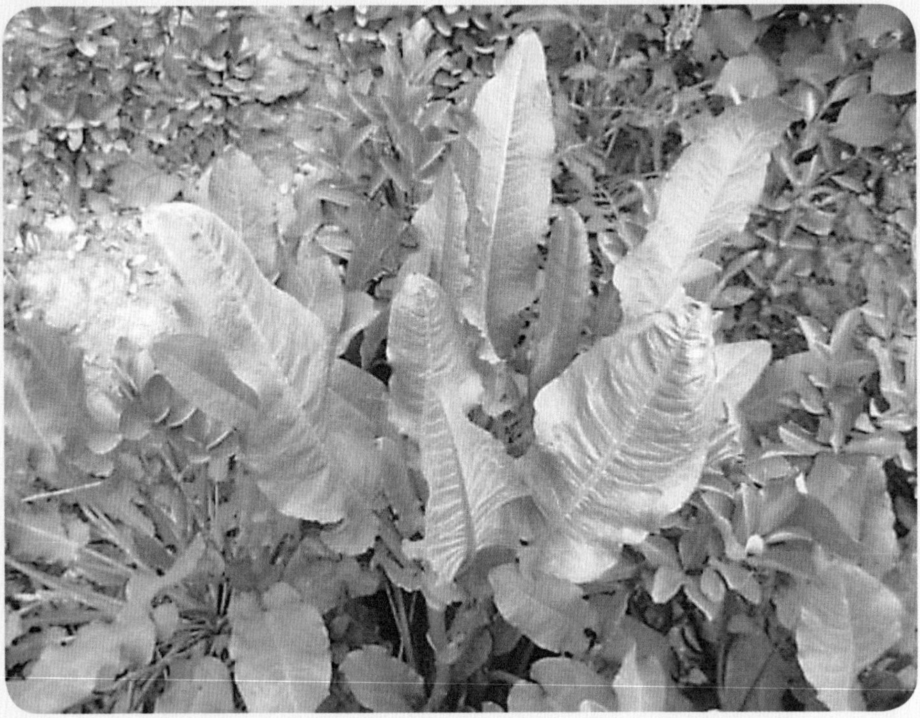

[illegible]（草甘膦）、[illegible]（百草枯）、[illegible]（乙氧氟草醚）、[illegible]（氟乐灵）[illegible]

[illegible]

50. [illegible]

[illegible]

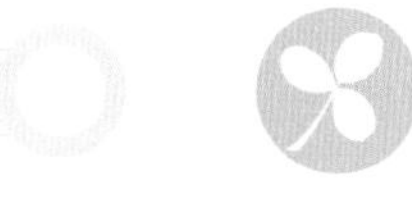

51. 杠板归

识别特征：一年生草本。茎细长，红褐色，有棱和倒生钩刺。叶互生，叶片近三角形，盾状着生，背面沿叶脉疏生钩刺；托叶鞘叶状革质，近圆形，抱茎。短穗状花序顶生或腋生；花淡红色或白色，结果时增大，变为深蓝色。瘦果球形，黑色。

防除指南：敏感除草剂有氯氟吡氧乙酸、草甘膦、百草枯、氟乐灵等。

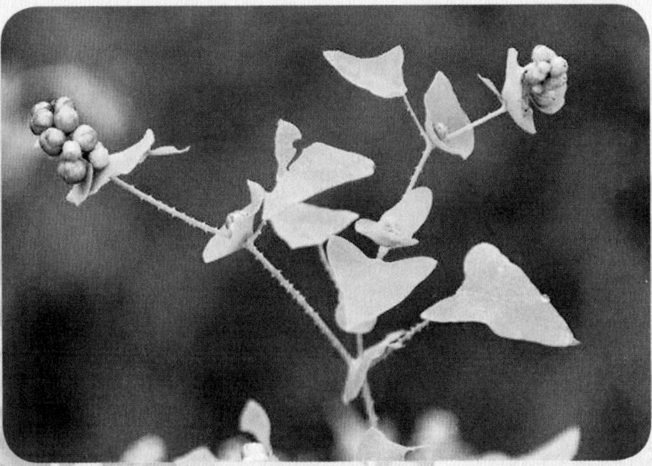

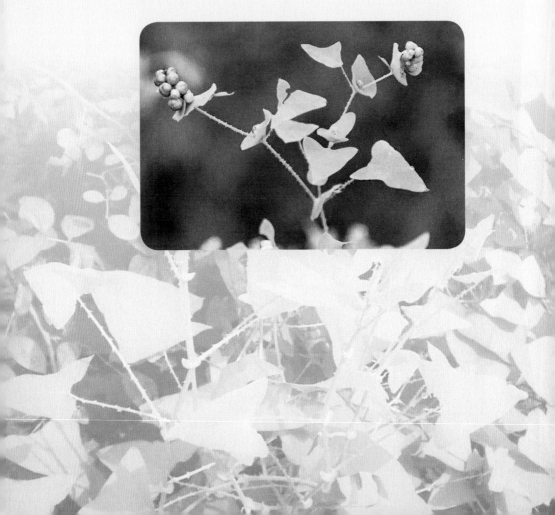

(草甘膦)、[illegible] (百草枯)、[illegible] (氟乐灵) [illegible]。

[illegible] (氯氟吡氧乙酸)、[illegible]

[illegible]

51. [illegible]

52. 绵毛酸模叶蓼

识别特征：一年生草本。茎直立，具分枝。叶互生，有柄；叶片披针形至宽披针形，叶背密被白色绵毛层，叶面上有或无黑褐色斑块和毛；托叶鞘筒状，脉纹明显。花序圆锥状，花浅红色或浅绿色。瘦果卵形。

防除指南：合理轮作，施用腐熟的有机肥料，精选种子，及时中耕除草。敏感除草剂有噻吩磺隆、百草枯、西玛津、灭草松等。

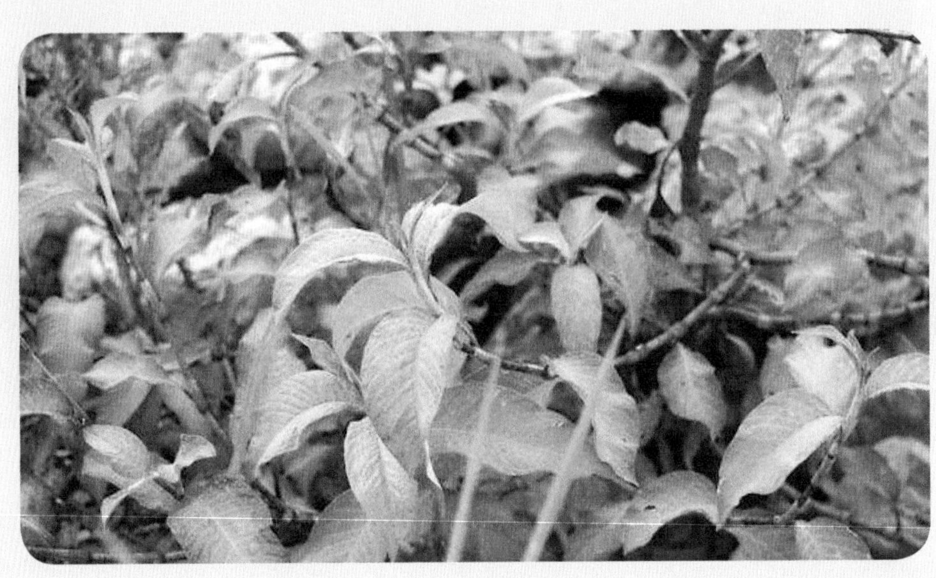

(嘆吩磺隆)(百草枯)(西玛津)(灭草松)

52.

53. 酸模叶蓼

识别特征：一年生草本。茎有分枝，光滑无毛。叶披针形或宽披针形，顶端渐尖或急尖，基部楔形，无毛，全缘，边缘有粗硬毛；托叶鞘筒状，膜质。茎和叶上常有新月形黑褐色斑点。花序为数个花穗构成的圆锥状花序，花淡红色或白色。瘦果卵形，扁平，两面微凹，黑褐色，有光泽。

防除指南：敏感除草剂有灭草松、西玛津、噻吩磺隆、百草枯等。

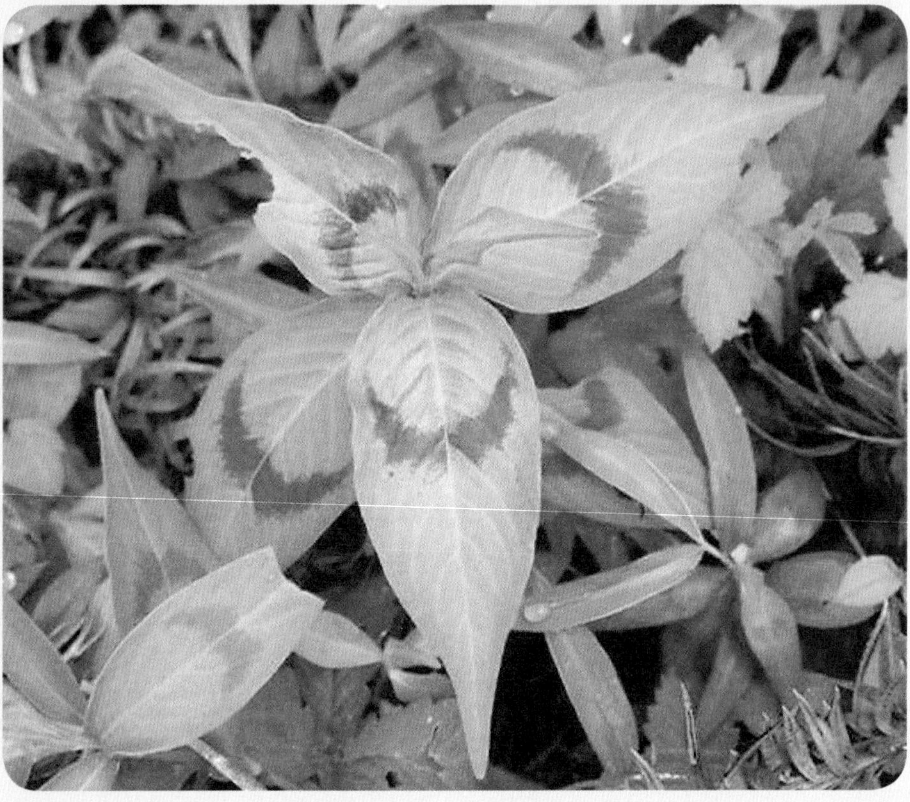

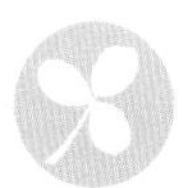

53. [illegible]

[illegible]

[illegible]（灭草松）、[illegible]（西玛津）、[illegible]（噻吩磺隆）、[illegible]（百草枯）[illegible]

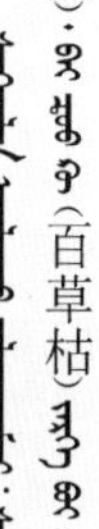

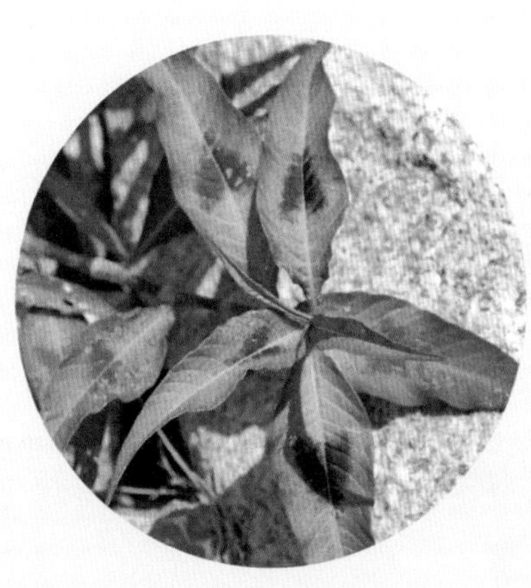

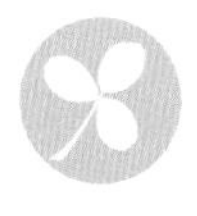

（九）马齿苋科

54. 马齿苋

识别特征：一年生草本。全株光滑无毛。茎下部匍匐，四散分枝，上部略能直立或斜上。单叶互生或近对生，叶片肉质肥厚，长方形或匙形。花无梗，通常3~5朵簇生枝顶，黄色。蒴果圆锥形，种子黑色，扁圆形。

防除指南：敏感除草剂有甲草胺、灭草松、百草枯、扑草净、禾草丹、毒草胺等。

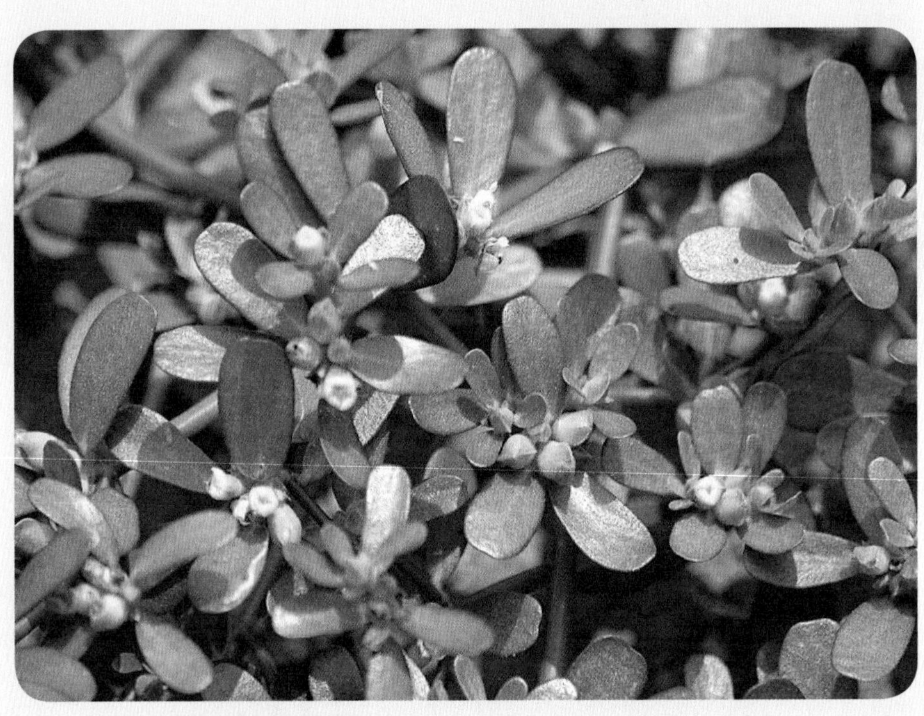

ᠫᠦ ᠼᠣᠣ ᠵᠢᠩ（扑草净）、ᠾᠧ ᠼᠣᠣ ᠳᠠᠨ（禾草丹）、ᠳᠦ ᠼᠣᠣ ᠠᠨ（毒草胺）ᠵᠡᠷᠭᠡ ᠪᠠᠢ᠃

ᠰᠣᠩᠭᠣᠨ ᠦᠭᠡᠢ ᠦᠨᠳᠦᠰᠦᠯᠡᠭᠴᠢ ᠪᠣᠭᠣᠮᠰᠢᠯ ： ᠰᠣᠩᠭᠣᠯᠲᠠ ᠬᠡᠪᠲᠡ ᠬᠣᠷᠣ ᠥᠭᠦᠭᠦ ᠦᠨᠳᠦᠰᠦᠯᠡᠭᠴᠢ ᠨᠢ ᠵᠢᠶᠠ ᠼᠣᠣ ᠠᠨ（甲草胺）、ᠮᠢᠶᠧ ᠼᠣᠣ ᠰᠦᠩ（灭草松）、ᠪᠠᠢ ᠼᠣᠣ ᠺᠦ（百草枯）、ᠭᠯᠢᠹᠣᠰᠹᠠᠲ ᠵᠡᠷᠭᠡ ᠶᠢ ᠰᠣᠩᠭᠣᠨ ᠬᠡᠷᠡᠭᠯᠡᠵᠦ ᠪᠣᠯᠤᠨᠠ᠃ ᠡᠮᠬᠢ ᠶᠢᠨ ᠪᠠᠢᠳᠠᠯ ᠢ ᠰᠠᠢᠵᠢᠷᠠᠭᠤᠯᠬᠤ ᠬᠡᠷᠡᠭᠲᠡᠢ ᠪᠥᠭᠡᠳ ᠰᠢᠨ᠎ᠡ ᠰᠠᠯᠠᠭ᠎ᠠ 3～5 ᠨᠠᠰᠤᠨ ᠤ ᠪᠠᠢᠳᠠᠯ ᠲᠠᠢ᠂ ᠡᠮ ᠢ ᠴᠠᠰᠤ ᠨᠢ ᠬᠠᠢᠯᠬᠤ ᠳᠦ ᠬᠡᠷᠡᠭᠯᠡᠨᠡ᠃ ᠡᠮ ᠢ ᠰᠠᠴᠤᠬᠤ ᠳᠤ ᠬᠠᠷᠢᠭᠤᠴᠠᠬᠤ ᠬᠡᠮᠵᠢᠶ᠎ᠡ ᠪᠡᠷ ᠬᠡᠷᠡᠭᠯᠡᠬᠦ᠂ ᠣᠯᠠᠨ ᠳᠠᠬᠢᠨ ᠬᠡᠷᠡᠭᠯᠡᠬᠦ ᠡᠴᠡ ᠵᠠᠢᠯᠠᠯᠲᠠ ᠬᠢᠬᠦ᠂ ᠮᠥᠨ ᠬᠥᠷᠥᠨᠭᠭᠡ ᠳᠦ ᠬᠣᠣᠷᠯᠠᠯ ᠦᠭᠡᠢ ᠪᠠᠢᠬᠤ ᠬᠡᠷᠡᠭᠲᠡᠢ᠃

54. ᠮᠠᠯᠴᠢᠷ ᠨᠣᠭᠣᠭ᠎ᠠ

(ᠨᠢᠭᠡ) ᠮᠠᠯᠴᠢᠷ ᠨᠣᠭᠣᠭᠠᠨ ᠤ ᠲᠠᠨᠢᠯᠴᠠᠭᠤᠯᠭ᠎ᠠ

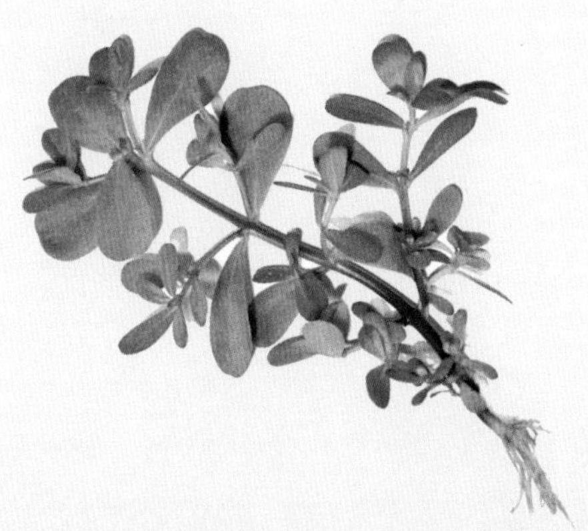

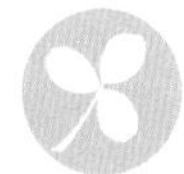

（十）毛茛科

55. 毛茛

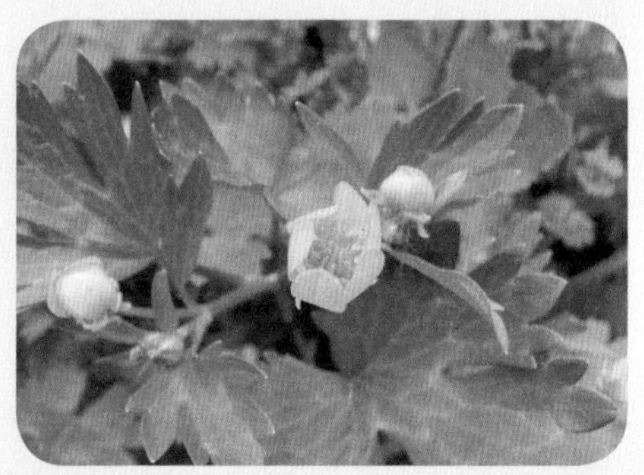

识别特征：多年生草本。茎直立，上部有分枝，有伸展的白色柔毛。叶片五角形，基生叶和茎下部叶有长柄，深裂；茎中部叶有短柄；茎上部叶无柄。花序具疏花，萼片淡绿色，花瓣鲜黄色。聚合果近球形；瘦果倒卵形，褐色。

防除指南：敏感除草剂有乳氟禾草灵、苯磺隆、百草枯、草甘膦等。

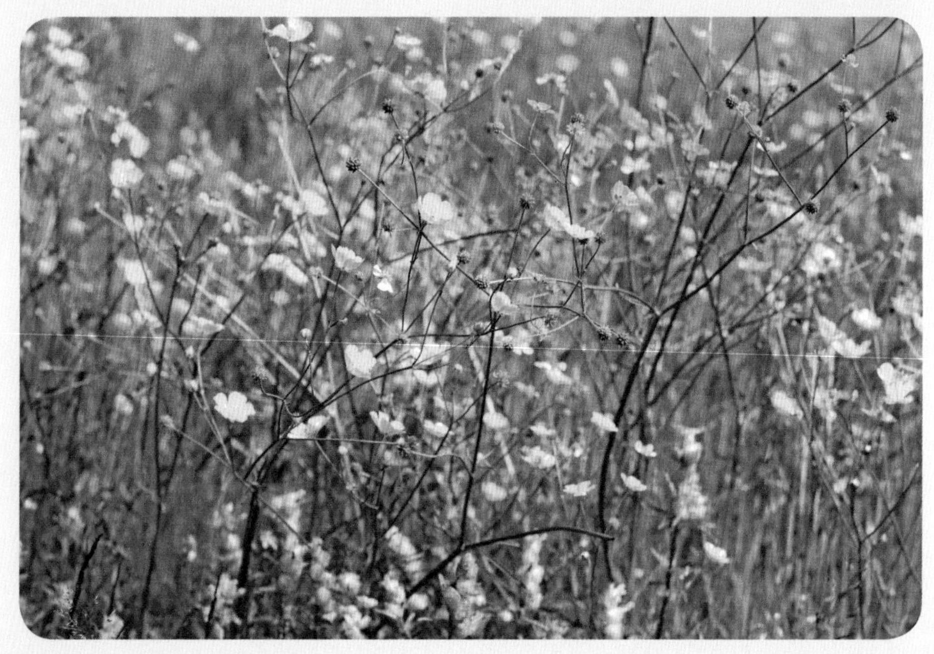

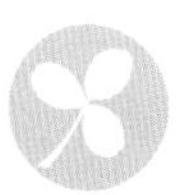

草枯)・[illegible](草甘膦)[illegible]

[illegible](乳氟禾草灵)・[illegible](苯磺隆)・[illegible](百[illegible]

55. [illegible]

([illegible])[illegible]

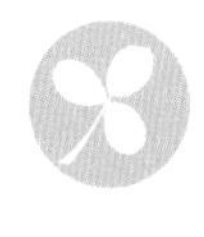

56. 石龙芮

识别特征：一年生草本。茎直立，粗壮，有分枝，无毛或疏生短柔毛。叶有光泽，浅或深三裂，裂片常再分2~3裂，接近花的叶狭细而不裂。花序常具较多的花，黄色有光泽，生于枝梢。聚合果长圆形；瘦果宽卵形。

防除指南：敏感除草剂有苯磺隆、百草枯、扑草净等。

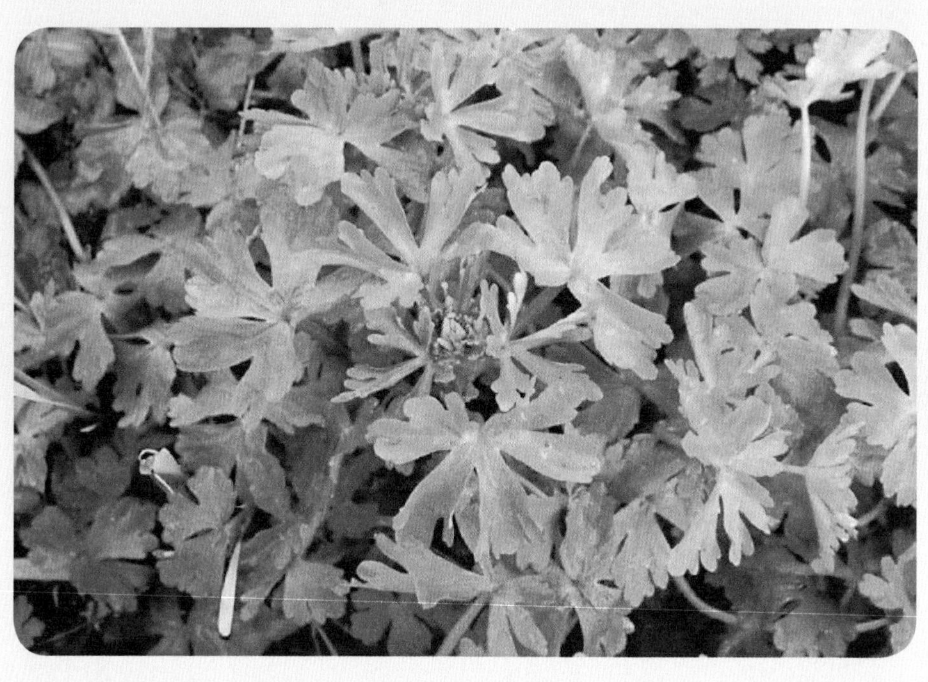

[illegible]

[illegible]（苯磺隆）、[illegible]（百草枯）、[illegible]（扑草净）[illegible]

[illegible] 2～3 [illegible]

56. [illegible]

（十一）葡萄科

57. 乌蔹莓

识别特征：多年生草本。根茎横走，茎紫绿色，有纵棱，卷须二歧，幼枝有柔毛，后变光滑。掌状复叶，小叶5枚，排列成鸟爪状，中间的呈椭圆状卵形。聚伞花序腋生，花小，黄绿色。浆果倒圆卵形，成熟时黑色。

防除指南：合理轮作，加强农田管理，适时中耕，铲除田间杂草。敏感除草剂有氟磺胺草醚、乙氧氟草醚、百草枯等。

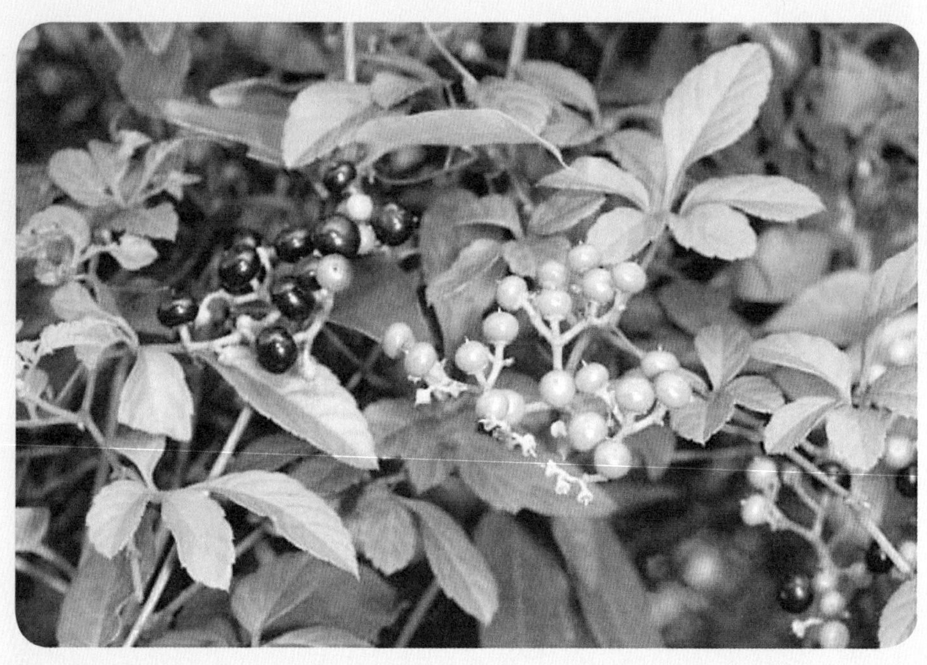

醚)· [illegible] (百草枯) [illegible] ::

[illegible] (氟磺胺草醚)· [illegible] (乙氧氟草

[illegible] 5 [illegible]

57. [illegible]

([illegible]) [illegible]

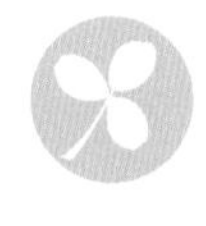

（十二）茄科

58. 白英

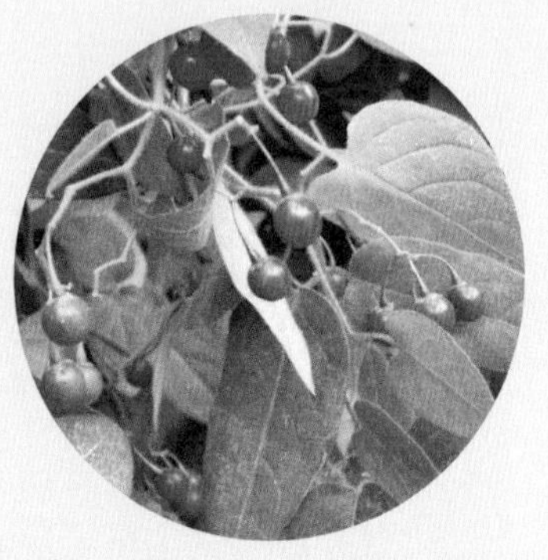

识别特征：二年生草本。全株密生有节的长柔毛。叶互生，多为琴形，基部常全缘或有时3~5深裂；裂片全缘，中裂片较大，卵形，两面都有长柔毛。聚伞花序顶生或腋外生，花疏生，花冠蓝色或白色。浆果球形，成熟后红色。

防除指南：敏感除草剂有草甘膦、百草枯等。

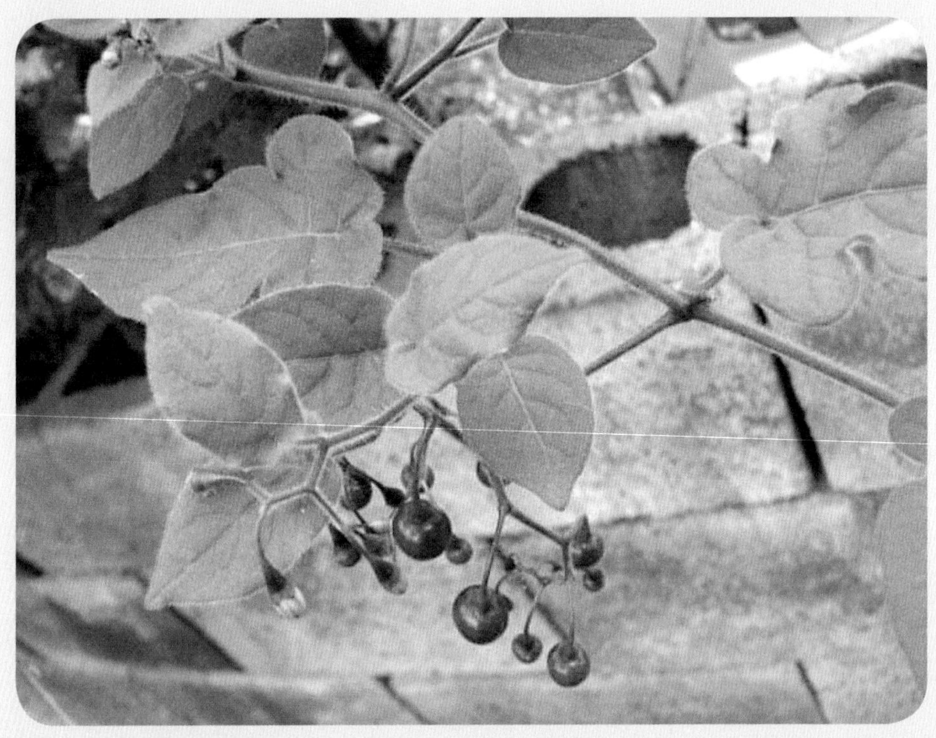

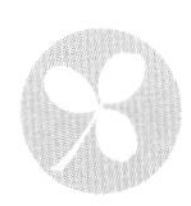

ᠬᠢᠮᠢᠢᠯᠡᠨ ᠰᠡᠷᠭᠡᠢᠯᠡᠬᠦ ᠠᠷᠭ᠎ᠠ: ᠲᠠᠷᠢᠬᠤ ᠡᠴᠡ ᠡᠮᠦᠨ᠎ᠡ ᠪᠤᠶᠤ ᠼᠣᠣ ᠭᠠᠨ ᠯᠢᠨ (草甘膦)᠂ ᠪᠠᠢ ᠼᠣᠣ ᠺᠦ (百草枯) ᠵᠡᠷᠭᠡ ᠪᠡᠷ ᠂ ᠬᠤᠷᠤ ᠡᠮ ᠢ ᠬᠡᠷᠡᠭᠯᠡᠨ ᠰᠡᠷᠭᠡᠢᠯᠡᠵᠦ ᠪᠣᠯᠤᠨ᠎ᠠ ::

ᠬᠡᠯᠪᠡᠷᠢ ᠰᠢᠨᠵᠢ: ᠨᠢᠭᠡ ᠨᠠᠰᠤᠲᠤ ᠡᠪᠡᠰᠦ ᠤᠷᠭᠤᠮᠠᠯ ᠪᠤᠶᠤ ᠬᠣᠶᠠᠷ ᠨᠠᠰᠤᠲᠤ ᠡᠪᠡᠰᠦ ᠤᠷᠭᠤᠮᠠᠯ ᠂ ᠢᠵᠠᠭᠤᠷ ᠨᠢ ᠨᠠᠷᠢᠨ ᠂ ᠢᠵᠠᠭᠤᠷ ᠤᠨ ᠦᠵᠦᠭᠦᠷ ᠨᠢ ᠰᠠᠯᠠᠭᠠ ᠲᠠᠢ ᠪᠠᠢᠨ᠎ᠠ ᠂ ᠵᠢᠭᠳᠡ ᠨᠢ ᠴᠢᠭ ᠡᠴᠡ ᠲᠡᠭᠡᠭᠰᠢ ᠡᠭᠴᠢᠯᠡᠨ ᠦᠷᠭᠤᠳᠠᠭ ᠂ ᠦᠨᠳᠦᠷ ᠨᠢ ᠪᠣᠭᠣᠨᠢ ᠪᠠᠢᠨ᠎ᠠ ::

ᠨᠠᠪᠴᠢ ᠨᠢ ᠡᠭᠡᠮᠳᠡᠭ᠂ ᠨᠠᠪᠴᠢ ᠶᠢᠨ ᠪᠠᠰᠤ ᠨᠢ ᠬᠤᠷᠴᠠ ᠂ ᠬᠤᠶᠠᠭ ᠤᠨ ᠨᠢᠭᠤᠷ ᠲᠡᠭᠡᠷ᠎ᠡ ᠴᠡᠴᠡᠭ ᠦᠨ ᠳᠡᠯᠪᠡ ᠶᠢᠨ ᠳᠣᠲᠤᠷ᠎ᠠ 3～5 ᠴᠡᠴᠡᠭ ᠲᠡᠢ ᠪᠠᠢᠨ᠎ᠠ ::

ᠲᠠᠷᠬᠠᠯᠲᠠ ᠶᠢᠨ ᠬᠡᠯᠪᠡᠷᠢ ᠪᠠ ᠬᠣᠣᠷᠯᠠᠯ: ᠵᠤᠨ ᠤ ᠲᠠᠷᠢᠮᠠᠯ ᠲᠠᠯᠠᠪᠠᠢ᠂ ᠵᠠᠮ ᠤᠨ ᠬᠠᠵᠠᠭᠤ ᠵᠡᠷᠭᠡ ᠭᠠᠵᠠᠷ ᠲᠠᠷᠬᠠᠨ ᠣᠷᠣᠰᠢᠳᠠᠭ ::

58. ᠵᠢᠭᠦᠷᠲᠦ ᠵᠢᠮᠡ

(ᠪᠤᠷᠴᠠᠭ ᠵᠢᠮᠡ) ᠵᠢᠮᠡ ᠶᠢᠨ ᠲᠦᠷᠦᠯ

59. 苦蘵

识别特征：一年生草本。全株密被短柔毛。茎铺散状分枝。叶互生，叶片广卵形或卵形，基部歪斜心形，先端钝尖，边缘有等锯齿。花单生于叶腋，花梗弯垂，花萼球钟形，花冠黄色，基部有紫色斑纹。浆果，黄色或绿黄色；种子多数，近圆盘状，有网状纹。

防除指南：适时中耕除草，早期拔除田埂、路边的杂草。敏感除草剂有三氟羧草醚、草甘膦、麦草畏、百草枯、利谷隆等。

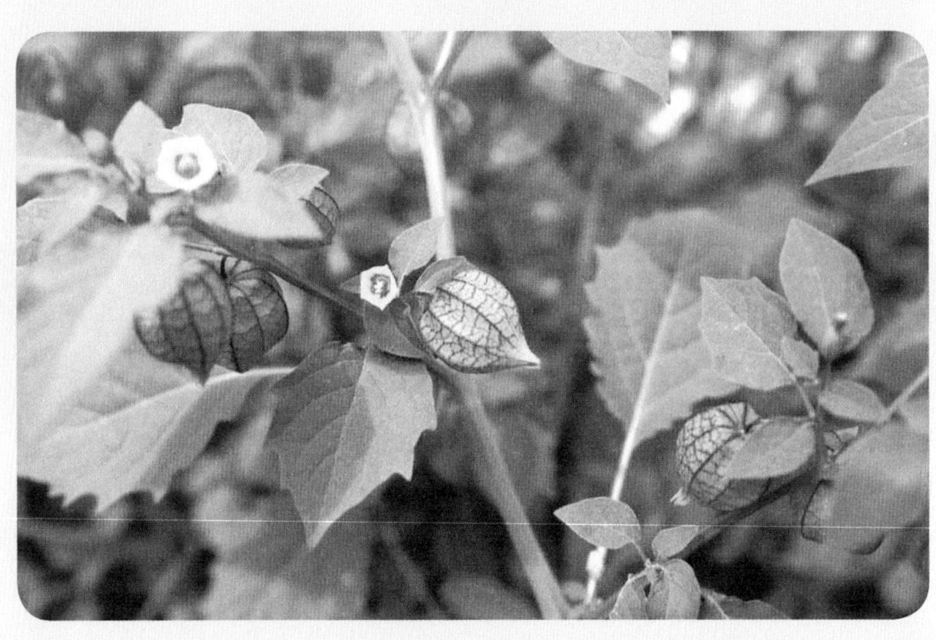

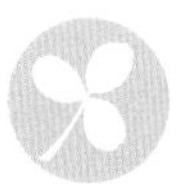

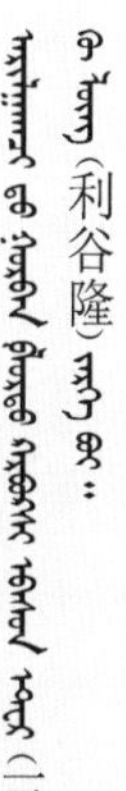

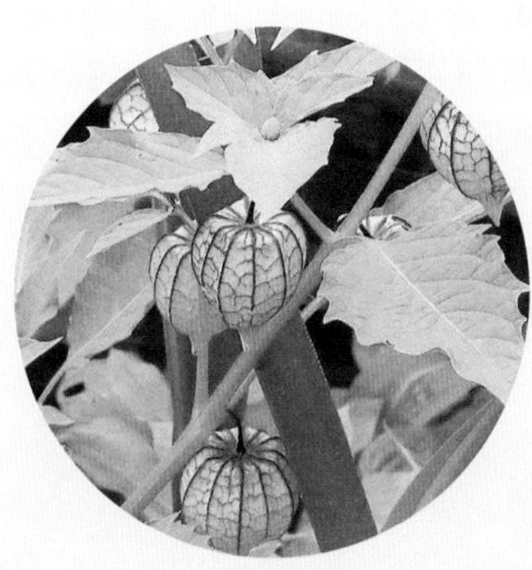

59. [illegible]

[illegible]

[illegible] (三氟羧草醚)、[illegible] (草甘膦)、[illegible] (麦草畏)、[illegible] (百草枯)、[illegible] (利谷隆) [illegible] ::

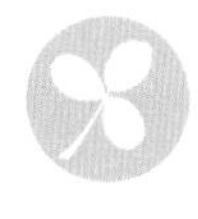

60. 龙葵

识别特征：一年生草本。茎直立，上部多分枝。叶互生，卵形，全缘或具波状齿。花序短蝎尾状或近伞状，侧生或腋外生，花梗下垂；花萼杯状，花冠白色。浆果球形，成熟时黑色；种子多数，近卵形，压扁状。

防除指南：合理轮作，施用腐熟的农家肥料，精选种子。敏感除草剂有甲草胺、草甘膦、麦草畏、异丙甲草胺、三氟羧草醚、噻吩磺隆等。

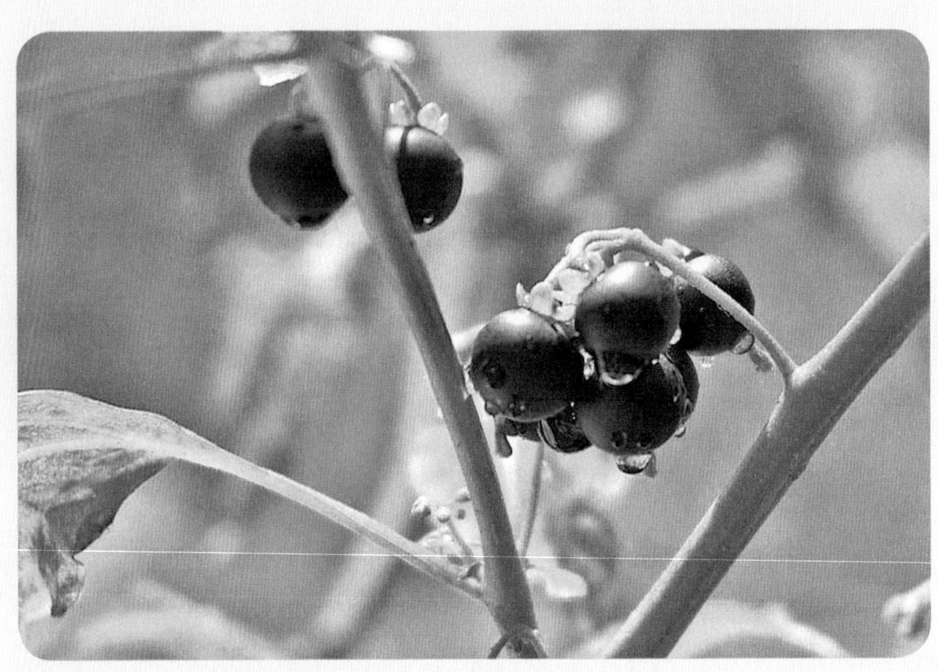

[illegible] (异丙甲草胺)、[illegible] (三氟羧草醚)、[illegible] (噻吩磺隆) [illegible] ::

[illegible] (甲草胺)、[illegible] (草甘膦)、[illegible] (麦草畏)、[illegible]

[illegible] ::

60. [illegible]

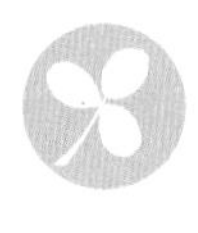

61. 曼陀罗

识别特征：一年生草本。茎直立，粗壮，光滑，上部常二歧状分枝。叶互生，具长柄，卵圆形，边缘呈不规则波状。花单生于叶腋或枝杈间，花冠漏斗状，白色或紫色。蒴果卵圆形，表面有不等长的尖刺；种子肾形，黑褐色。

防除指南：合理轮作，适时中耕除草。敏感除草剂有三氟羧草醚、异恶草松、麦草畏等。

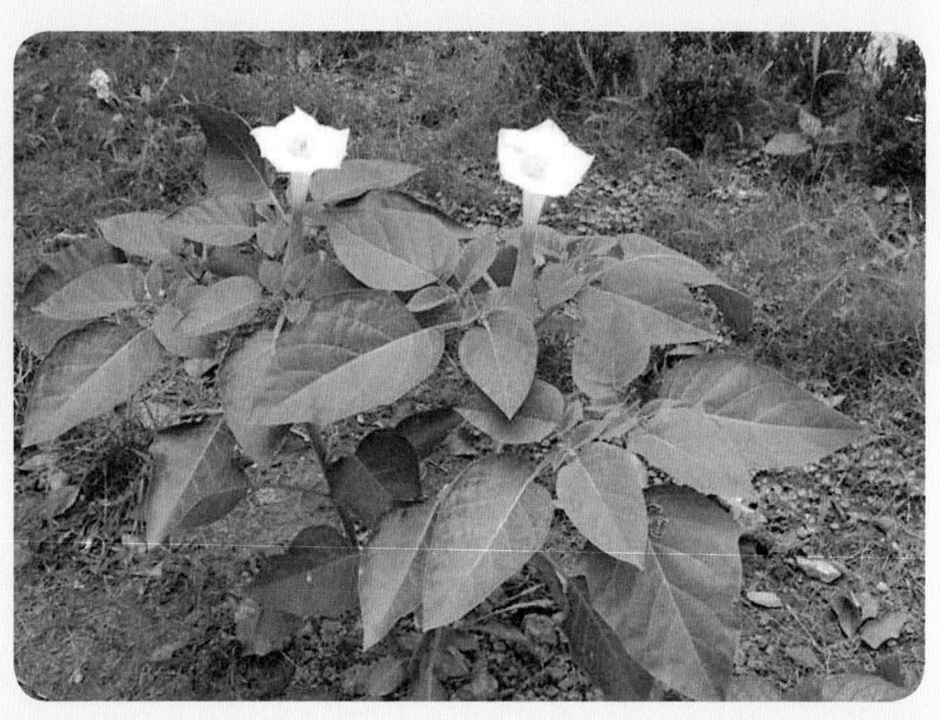

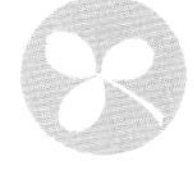

ᠰᠠᠨᠹᠦ ᠰᠦᠸᠧ ᠴᠣᠤ ᠮᠢ (三氟羧草醚)、ᠢ ᠡ ᠴᠣᠤ ᠰᠦᠩ (异恶草松)、ᠮᠠᠢ ᠴᠣᠤ ᠸᠧᠢ (麦草畏) ᠵᠡᠷᠭᠡ ᠪᠣᠢ ::

[illegible]

[illegible]

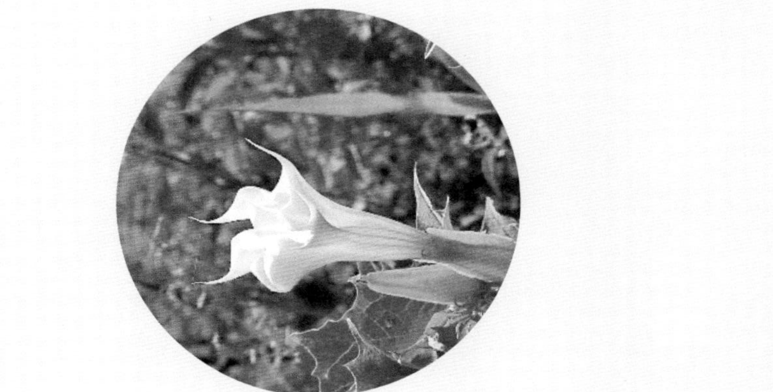

61. [illegible]

62. 酸浆

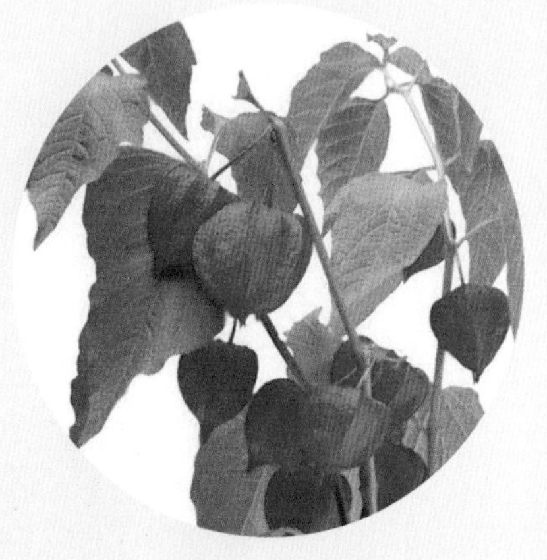

识别特征：多年生草本。基部常匍匐生根。茎高40~80厘米，基部略带木质，分枝稀疏或不分枝，茎节不甚膨大，常被有柔毛，尤其以幼嫩部分较密。叶长5~15厘米，宽2~8厘米，长卵形至阔卵形，有时菱状卵形，顶端渐尖，基部不对称狭楔形下延至叶柄，全缘而波状或者有粗牙齿、有时每边具少数不等大的三角形大牙齿，两面被有柔毛，沿叶脉较密，上面的毛常不脱落，沿叶脉亦有短硬毛；叶柄长1~3厘米。浆果球形，未熟时绿色，成熟时橙红色。

防除指南：敏感除草剂有百草枯、草甘膦等。

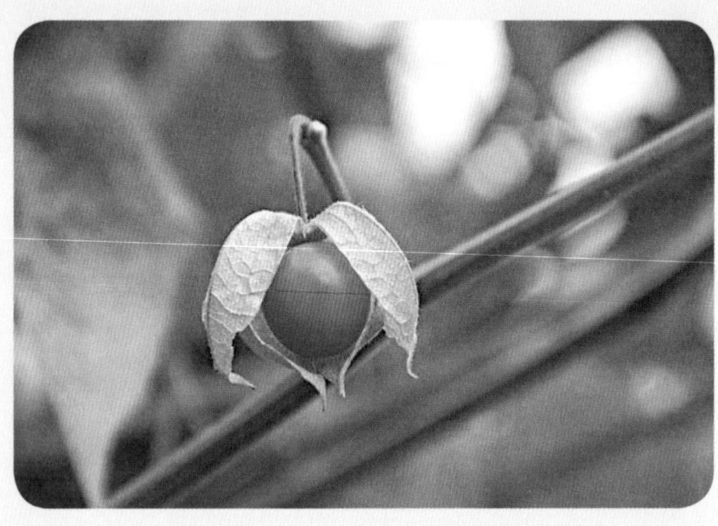

[illegible] (百草枯) · [illegible] (草甘膦) [illegible]
[illegible] 1 ~ 3 [illegible]
[illegible] 5 ~ 15 [illegible] 2 ~ 8 [illegible]
40 ~ 80 [illegible]
[illegible]
62. [illegible]

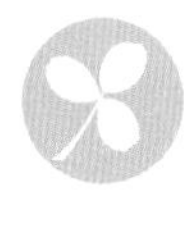

63. 枸杞

识别特征：粗壮灌木。茎直立，有棘刺。单叶互生或数片丛生于短枝上，长椭圆状披针形或卵状矩圆形，基部楔形并下延成柄，全缘。花腋生，常一至数朵簇生于短枝上；花冠漏斗状，粉红色或紫红色。浆果椭圆形，红色。

防除指南：细致地进行田间管理，及时连根铲除。

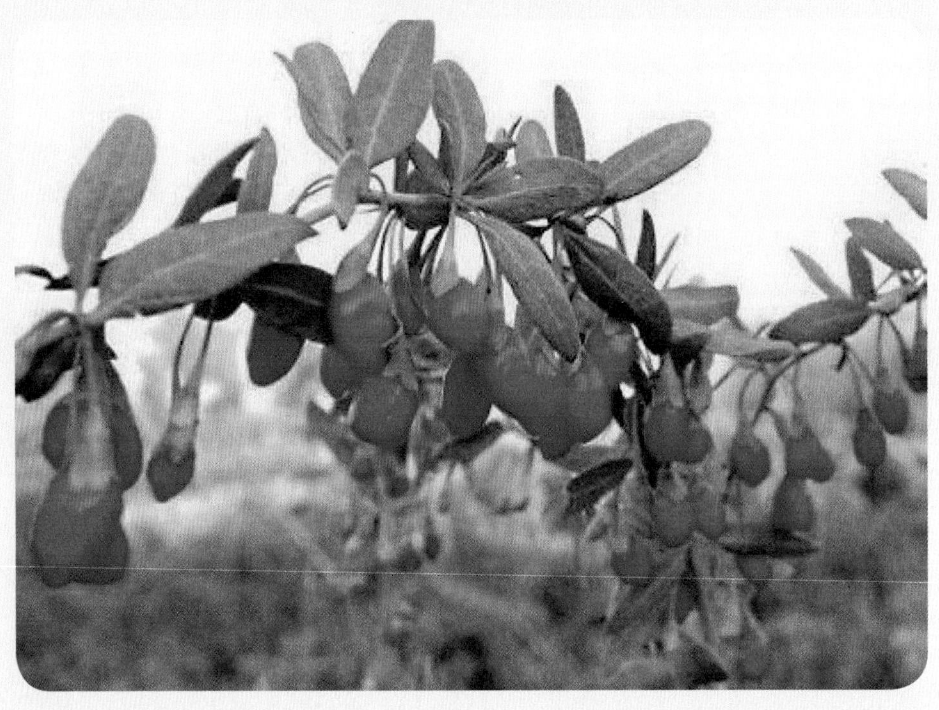

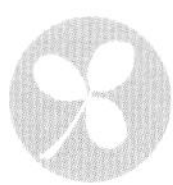

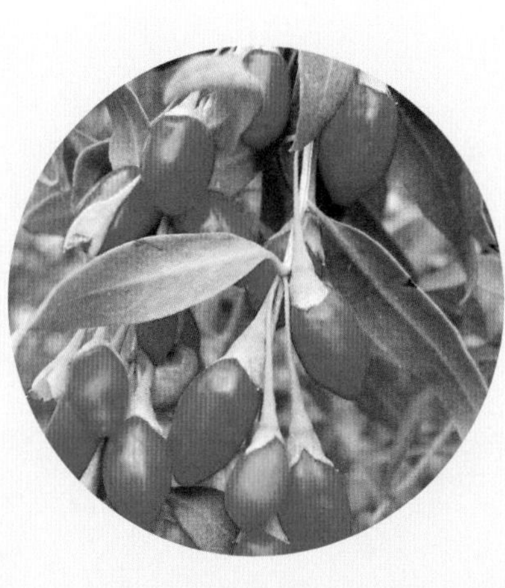

63.

（十三）十字花科

64. 播娘蒿

识别特征：二年生或一年生草本。茎直立，上部多分枝。叶互生，下部叶有柄，上部叶无柄，叶片2~3回羽状深裂，最终的裂片条形。总状花序顶生，花淡黄色。长角果线形；种子长圆形，黄褐色或红褐色。

防除指南：合理进行轮作，加强田间管理。敏感除草剂有苯磺隆、溴苯腈、麦草畏、草甘膦等。

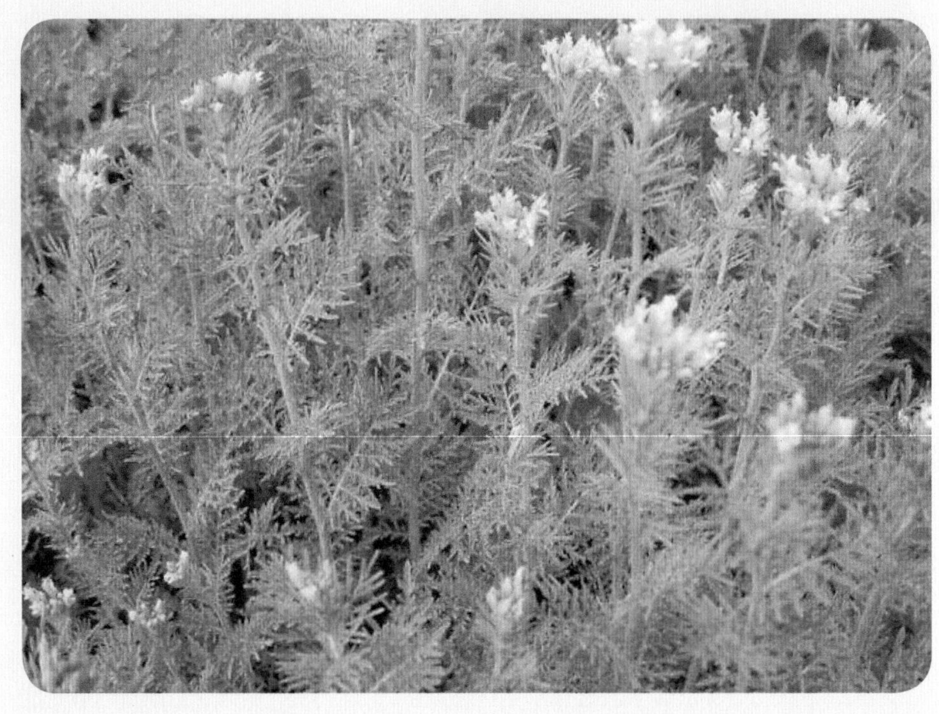

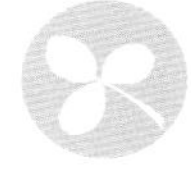

[illegible]（苯磺隆）、[illegible]（溴苯腈）、[illegible]（麦草畏）、[illegible]（草甘膦）[illegible]

[illegible]

[illegible] 2～3 [illegible]

64. [illegible]

（[illegible]）[illegible]

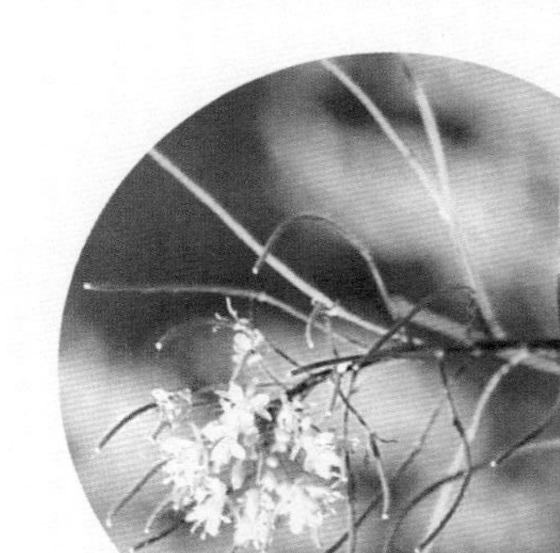

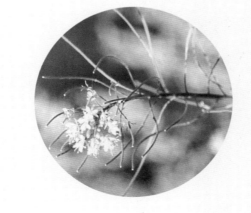

65. 独行菜

识别特征：二年生或一年生草本。茎直立，基部多分枝。基生叶丛生，有长柄，羽状浅裂或深裂；茎生叶互生，无柄，叶片条形，全缘或具疏齿。总状花序顶生，花瓣白色或稍带绿色。短角果椭圆形至近圆形；种子棕红色。

防除指南：合理轮作，加强田间管理，适时中耕除草。敏感除草剂有嗪草酮、溴苯腈、百草枯、氧氟·乙草胺等。

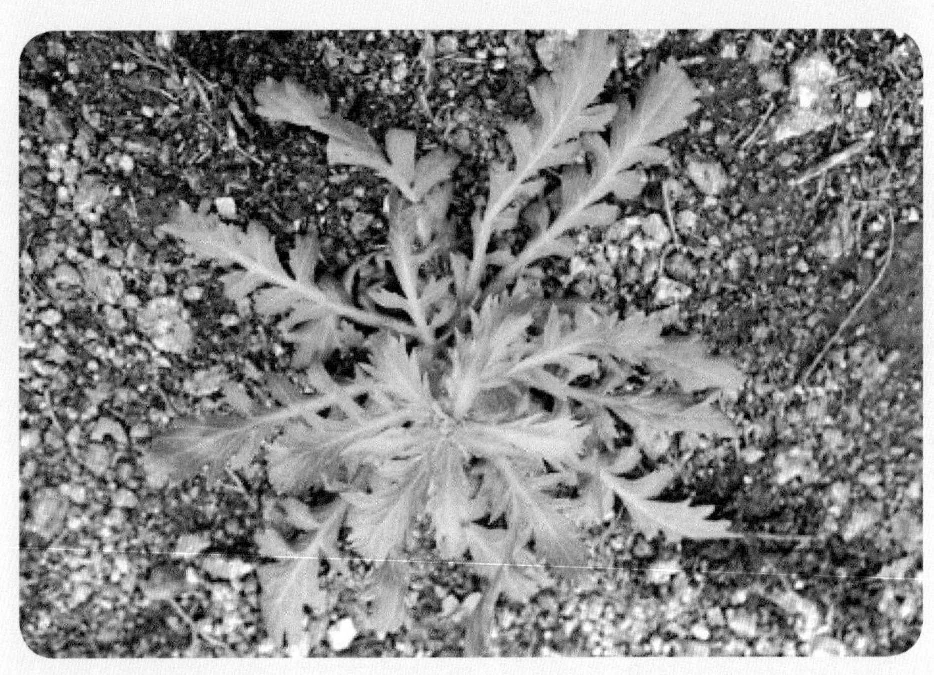

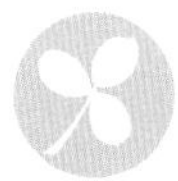

ᠬᠣᠯᠢᠮᠠᠭ ᠡᠮ（氧氟·乙草胺）ᠵᠡᠷᠭᠡ ᠪᠠᠢ᠃

[illegible]（嗪草酮）· [illegible]（溴苯腈）· [illegible]（百草枯）· [illegible]

[illegible]

[illegible]

[illegible]

[illegible]

65. [illegible]

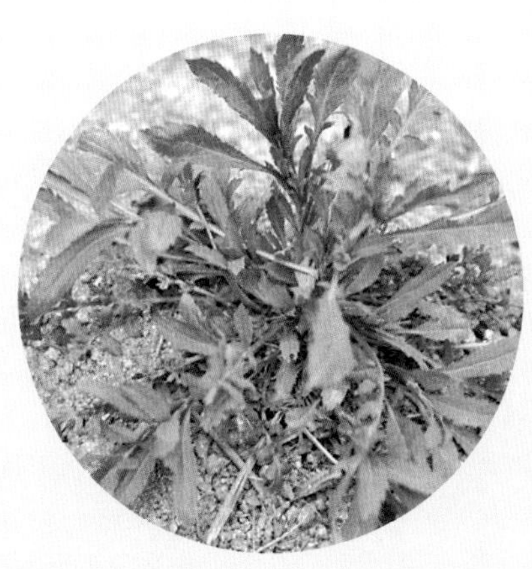

66. 蔊菜

识别特征：一年生草本。茎直立或卧伏地上，近基部分枝。叶互生，长椭圆形或披针形，边缘有粗锯齿或羽状分裂，基部叶稍抱茎。总状花序顶生，花淡黄色。长角果线形。

防除指南：轮作和深耕，细致地进行田间管理，早期清除田旁隙地的杂草。敏感除草剂有氧氟·乙草胺、草甘膦、麦草畏、百草枯、溴苯腈等。

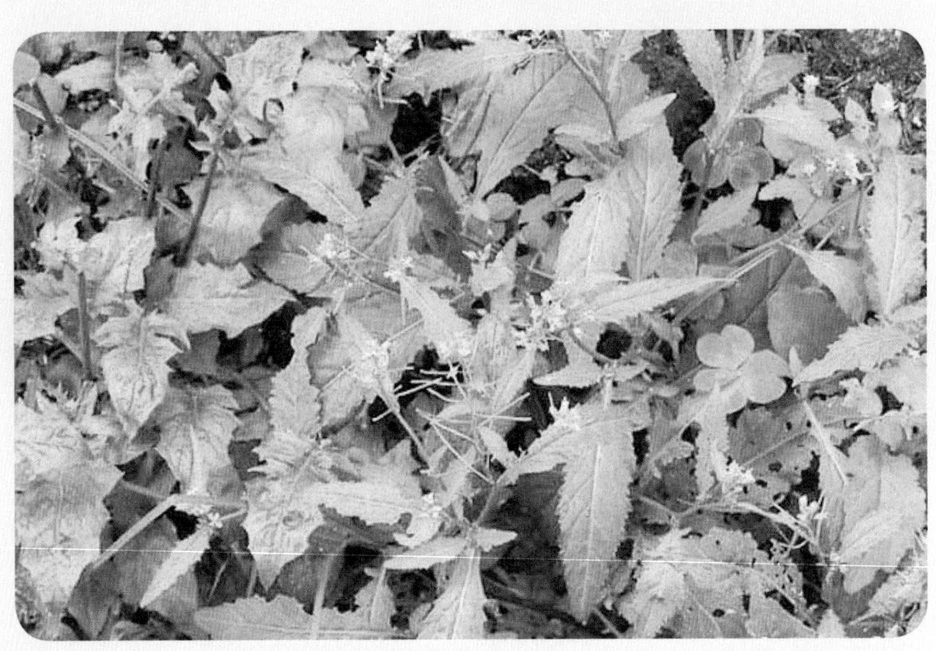

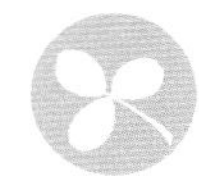

[illegible] (麦草畏)· [illegible] (百草枯)· [illegible] (溴苯腈) [illegible]

[illegible] (氧氟·乙草胺)· [illegible] (草甘膦)· [illegible]

[illegible]

66. [illegible]

67. 荠

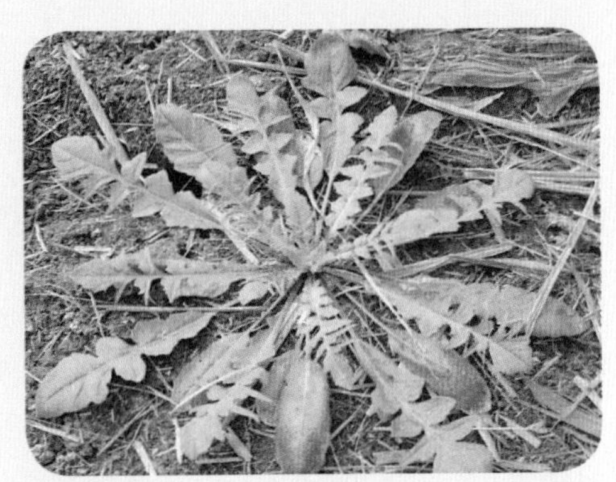

识别特征：二年生或一年生草本。茎直立，单一或基部分枝。基生叶丛生，羽状分裂，不整齐；茎生叶狭披针形或披针形，基部箭形，抱茎，边缘有缺刻或锯齿。总状花序顶生和腋生，花白色。短角果扁平，呈倒三角形。

防除指南：合理地组织轮作，加强田间管理。敏感除草剂有草甘膦、百草枯、异丙甲草胺、噁草酮、氧氟·乙草胺、苯磺隆等。

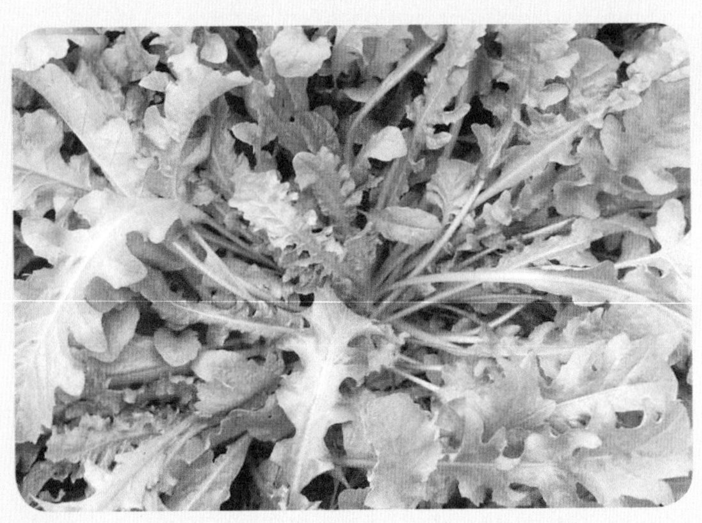

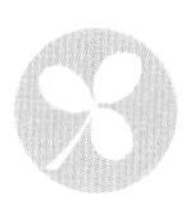

67. [illegible]

[illegible] ::

[illegible] ᠵᠢᠯ（草甘膦）· [illegible]（百草枯）· [illegible]（异丙甲草胺）· [illegible]（嗯草酮）· [illegible]（氧氟·乙草胺）· [illegible]（苯磺隆）[illegible] ::

68. 碎米荠

识别特征：二年生或一年生草本。茎直立或斜生，分枝或不分枝，下部有时呈淡紫色。羽状复叶，基生叶有柄，小叶2~5对顶生小叶卵圆形，侧生小叶较小，歪斜；茎生小叶2~4对，狭倒卵形至线形，表面和边缘都有疏柔毛。花白色。长角果线形；种子长方形，褐色。

防除指南：精细地进行田间管理，适时中耕除草。敏感除草剂有百草枯、甲基二磺隆、扑草净、吡草醚、氧氟·乙草胺、二甲戊灵等。

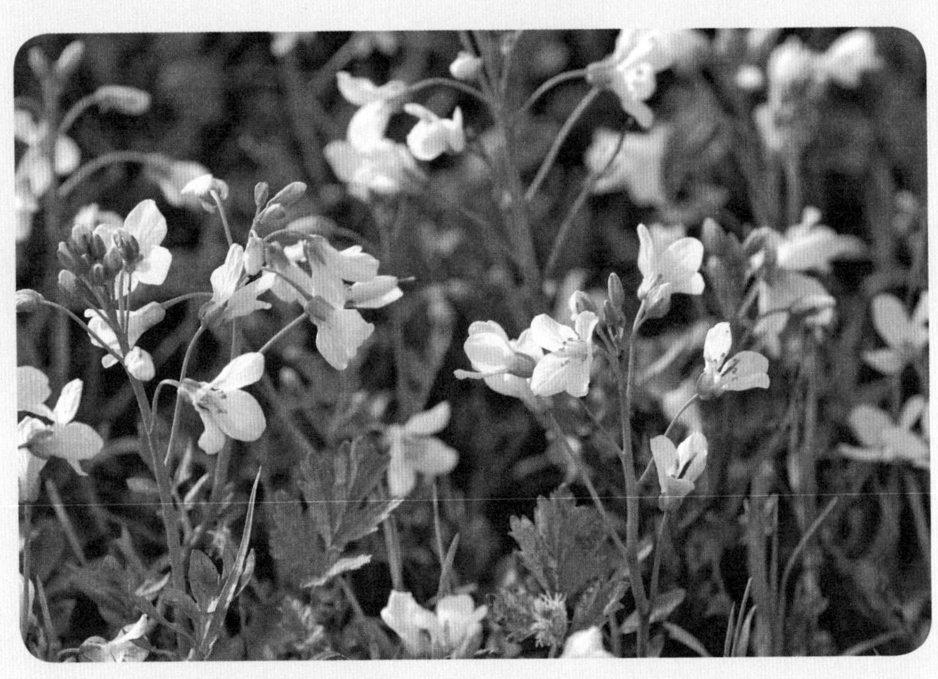

ᠠᠨ (氧氟·乙草胺)᠂ ᠡᠷ ᠵᠢᠶᠠ ᠦ ᠯᠢᠩ (二甲戊灵) ᠵᠡᠷᠭᠡ ᠪᠣᠢ᠃ ᠺᠦ (百草枯)᠂ ᠨᠢᠭᠡᠨ ᠰᠢᠷᠡ ᠪᠣᠳᠤᠰᠤᠲᠠᠢ ᠵᠢᠶᠠᠵᠢ (甲基二磺隆)᠂ ᠫᠦ ᠼᠣᠤ ᠵᠢᠩ (扑草净)᠂ ᠪᠢ ᠼᠣᠤ ᠮᠢ (吡草醚)᠂ ᠪᠣᠯᠣᠨ ᠪᠣᠯᠪᠠᠰᠤᠷᠠᠭᠤᠯᠬᠤ ᠬᠡᠷᠡᠭᠯᠡᠨ᠎ᠡ ᠪᠣᠢ ᠭᠡᠵᠦ ᠪᠣᠯᠤᠨ᠎ᠠ᠃

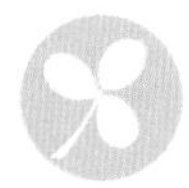

69. 弯曲碎米荠

识别特征：二年生或一年生草本。茎自基部多分枝，斜上呈铺散状，疏生柔毛。不整齐羽状复叶，基生叶有柄，茎生叶有柄或无柄。花小，白色，果序梗或多或少呈左右弯曲。长角果线形，斜展，果瓣无脉，熟时开裂，果柄短；种子长圆形，黄褐色。

防除指南：加强田间管理，及时中耕除草。敏感除草剂有二甲戊灵、吡草醚、百草枯等。

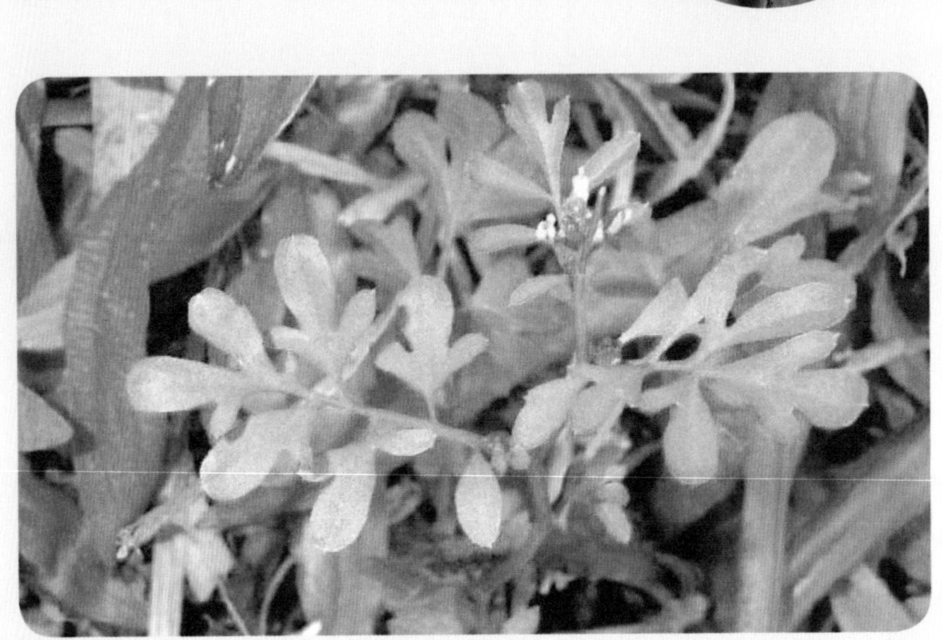

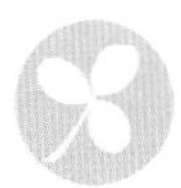

(二甲戊灵) (吡草醚) (百草枯)

（十四）石竹科

70. 繁缕

识别特征：二年生或一年生草本。茎纤细，自基部分枝，茎的一侧有一列短柔毛。叶对生，卵形，全缘。花单生叶腋或组成顶生疏散的聚伞花序，白色。蒴果长圆形或卵圆形；种子圆形，黑褐色，密生疣状突起。

防除指南：合理轮作，秋季深翻地，并在种子成熟前拔除田旁隙地的杂草。敏感除草剂有禾草丹、噁草酮、异丙隆、灭草松等。

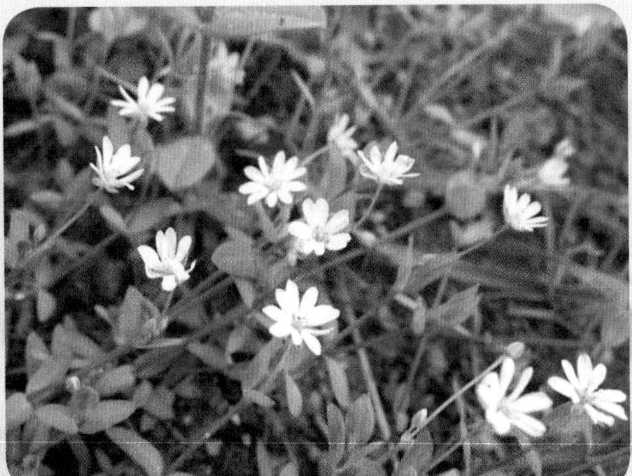

松) [illegible] ::

[illegible] (禾草丹) · [illegible] (噁草酮) · [illegible] (异丙隆) · [illegible] (灭草

[illegible]

70. [illegible]

([illegible]) [illegible]

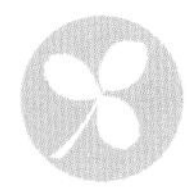

71. 麦蓝菜

识别特征：一年生草本。全株无毛，稍被白粉而呈灰绿色。茎直立，中空。叶对生，卵状披针形，全缘。聚伞花序疏生于枝端，花梗细长，花瓣粉红色。蒴果卵球形；种子球形，黑色，表面密被小瘤状突起。

防除指南：合理轮作换茬，加强田间管理，在种子成熟前拔除杂草。敏感除草剂有扑草净、草甘膦、百草枯等。

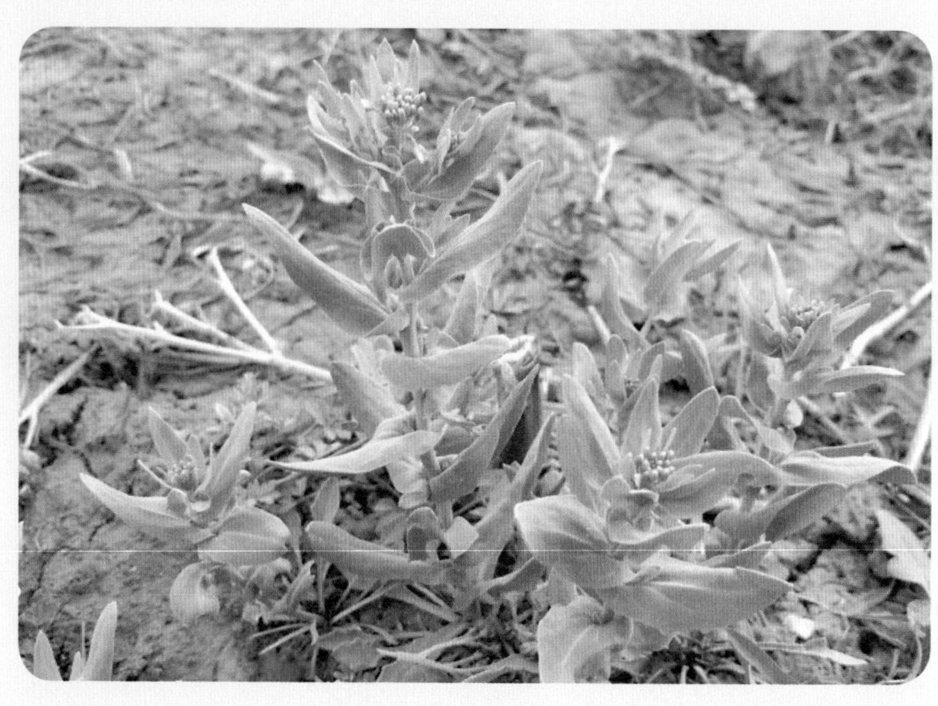

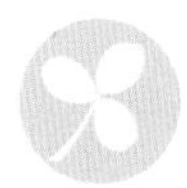

ᠠᠷᠢᠯᠭᠠᠬᠤ ᠬᠡᠷᠡᠭᠲᠡᠢ ᠃ ᠬᠢᠮᠢ ᠠᠷᠭ᠎ᠠ ᠠᠷᠢᠯᠭᠠᠯᠲᠠ ᠳᠤ ᠫᠦ ᠼᠠᠤ ᠵᠢᠩ (扑草净)᠂ ᠼᠠᠤ ᠭᠠᠨ ᠯᠢᠨ (草甘膦)᠂ ᠪᠠᠢ ᠼᠠᠤ ᠺᠦ (百草枯) ᠵᠡᠷᠭᠡ ᠪᠡᠷ ᠃

ᠡᠮᠨᠡᠯᠭᠡ ᠬᠡᠷᠡᠭᠯᠡᠬᠦ ᠬᠡᠷᠡᠭᠯᠡᠭᠳᠡᠬᠦᠨ ᠄ ᠲᠠᠷᠢᠮᠠᠯ ᠨᠠᠭᠠᠰᠤ ᠶᠢᠨ ᠦᠷ᠎ᠡ ᠶᠢ ᠡᠮ ᠳᠤ ᠬᠡᠷᠡᠭᠯᠡᠨ᠎ᠡ ᠃

71. ᠲᠠᠷᠢᠮᠠᠯ ᠬᠤᠷᠢᠶᠠᠩᠭᠤᠢ ᠨᠠᠭᠠᠰᠤ

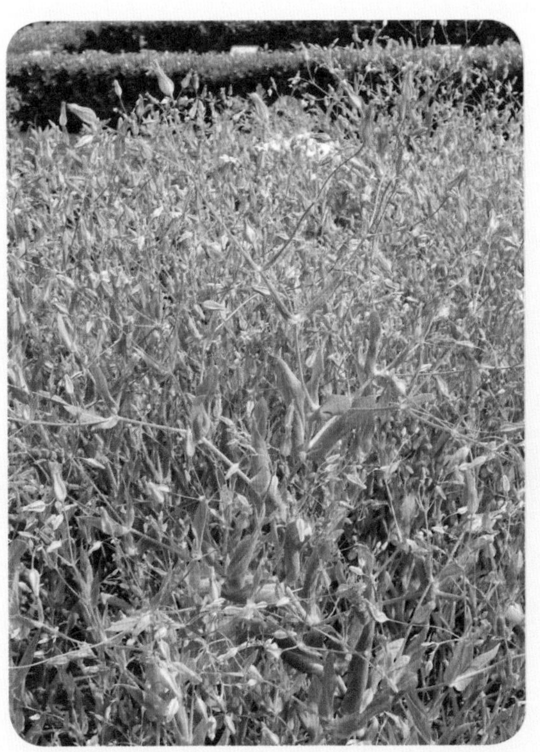

72. 麦瓶草

识别特征：二年生草本。全株有腺毛。茎直立，叉状分枝，节部略膨大。叶对生，无柄，基部连合抱茎；基生叶匙形，茎生叶长圆形或披针形，全缘。聚伞花序顶生，花瓣粉红色。蒴果卵形，有光泽；种子肾形，红褐色。

防除指南：合理组织作物轮作换茬，加强田间管理，及早拔除田旁隙地的杂草。敏感除草剂有百草枯、草甘膦、二甲戊灵等。

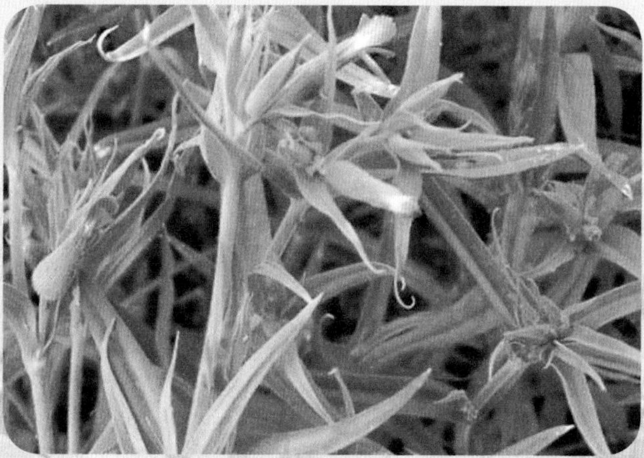

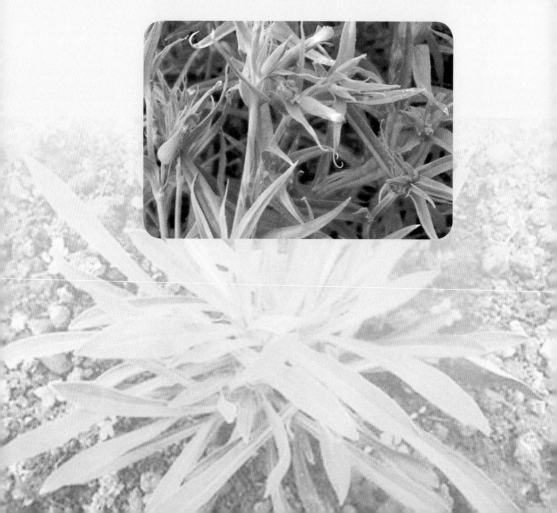

72. [illegible]

[illegible]

[illegible]

[illegible] (百草枯) [illegible] (草甘膦) [illegible] (二甲戊灵) [illegible]

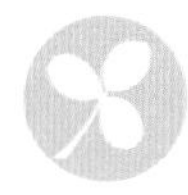

73. 拟漆姑

识别特征：二年生或一年生草本。茎多数簇生，上部疏生短柔毛，其余部分无毛。叶对生，无柄，线形，托叶膜质、透明。花单生于枝端叶腋，白色或红色。种子微小，褐色，上有突起。幼苗叶肉质。

防除指南：合理组织作物轮作换茬，细致地进行田间管理，适时中耕除草。敏感除草剂有苯磺隆、草甘膦、扑草净等。

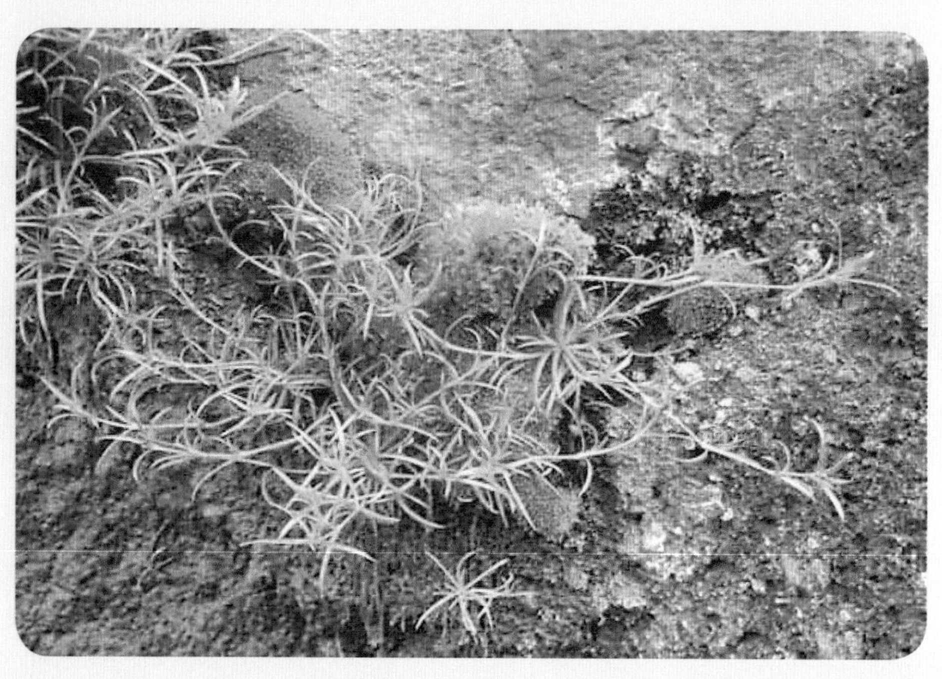

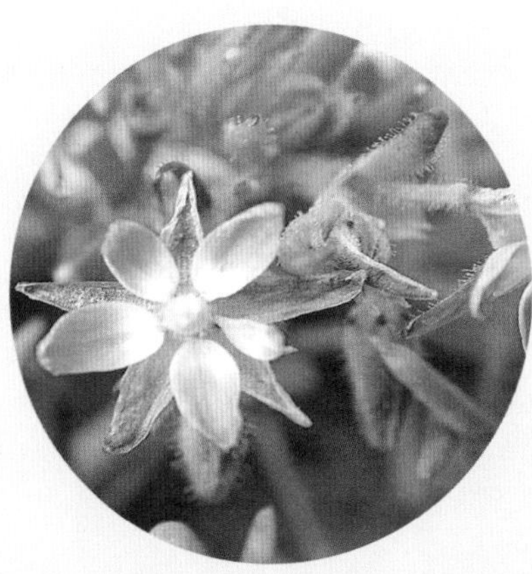

73. [illegible]

ᠨᠢᠭᠡᠨ ᠨᠠᠰᠤᠲᠤ ᠤᠷᠭᠤᠮᠠᠯ᠄ [illegible] ᠃

[illegible] ᠪᠧᠨ ᠬᠤᠸᠠᠩ ᠯᠦᠩ（苯磺隆）、ᠴᠣᠣ ᠭᠠᠨ ᠯᠢᠨ（草甘膦）、ᠫᠦ ᠴᠣᠣ ᠵᠢᠩ（扑草净）ᠵᠡᠷᠭᠡ [illegible] ᠃

74. 鹅肠菜

识别特征：多年生草本。全株光滑，仅花序上有白色短软毛。茎自基部分枝，柔弱，茎内维管束联合紧密。叶对生，卵形或宽卵形，全缘或波状，基部略包茎。花梗细长，花后下垂，花白色。蒴果卵形；种子近圆形，深褐色。

防除指南：精细地进行田间管理，及时中耕除草。敏感除草剂有扑草净、草甘膦、百草枯、禾草丹、苯磺隆等。

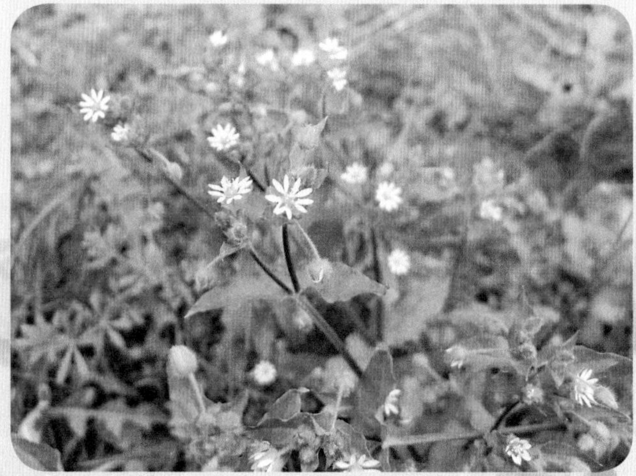

ᠮᠠᠨ ᠪᠣᠯ᠃

ᠬᠡᠷᠡᠭᠯᠡᠬᠦ ᠡᠮ ᠨᠢ ᠫᠦ ᠴᠣ ᠵᠢᠩ (扑草净)᠂ ᠴᠣ ᠭᠠᠨ ᠯᠢᠨ (草甘膦)᠂ ᠪᠠᠢ ᠴᠣ ᠺᠦ (百草枯)᠂ ᠾᠧ ᠴᠣ ᠳᠠᠨ (禾草丹)᠂ ᠪᠧᠨ ᠬᠤᠸᠠᠩ ᠯᠦᠩ (苯磺隆) ᠵᠡᠷᠭᠡ ᠪᠣᠯᠤᠨ᠎ᠠ᠃

ᠬᠠᠮᠠᠭᠠᠯᠠᠯᠲᠠ ᠶᠢᠨ ᠠᠷᠭ᠎ᠠ ᠬᠡᠮᠵᠢᠶ᠎ᠡ: ᠬᠠᠪᠤᠷ ᠤᠨ ᠲᠠᠷᠢᠯᠠᠯᠭ᠎ᠠ ᠶᠢᠨ ᠡᠮᠦᠨ᠎ᠡ ᠭᠠᠵᠠᠷ ᠢ ᠬᠠᠭᠠᠯᠵᠤ᠂ ᠬᠣᠷ᠎ᠠ ᠲᠠᠢ ᠡᠪᠡᠰᠦ ᠶᠢ ᠠᠷᠢᠯᠭᠠᠨ᠎ᠠ᠃ ᠲᠠᠷᠢᠯᠠᠯᠭ᠎ᠠ ᠶᠢᠨ ᠳᠠᠷᠠᠭ᠎ᠠ᠂ ᠪᠣᠯᠵᠣᠭ᠎ᠠ ᠶᠢ ᠴᠢᠩᠭᠠᠳᠬᠠᠨ᠎ᠠ᠃ ᠲᠠᠷᠢᠶᠠᠨ ᠤ ᠡᠪᠡᠰᠦ ᠶᠢ ᠴᠠᠭ ᠲᠤ ᠨᠢ ᠠᠷᠢᠯᠭᠠᠵᠤ᠂ ᠬᠣᠷ᠎ᠠ ᠲᠠᠢ ᠡᠪᠡᠰᠦ ᠶᠢᠨ ᠦᠷ᠎ᠡ ᠶᠢ ᠬᠠᠮᠤᠵᠤ ᠠᠪᠤᠨ᠎ᠠ᠃ ᠡᠮ ᠦᠨ ᠠᠷᠭ᠎ᠠ ᠪᠡᠷ ᠬᠣᠷ᠎ᠠ ᠲᠠᠢ ᠡᠪᠡᠰᠦ ᠶᠢ ᠬᠠᠮᠠᠭᠠᠯᠠᠨ᠎ᠠ᠃

ᠬᠡᠷᠡᠭᠯᠡᠬᠦ ᠡᠮ ᠨᠢ: ᠲᠠᠷᠢᠶᠠᠨ ᠤ ᠡᠪᠡᠰᠦ ᠶᠢ ᠠᠷᠢᠯᠭᠠᠬᠤ ᠡᠮ ᠪᠣᠯᠤᠨ᠎ᠠ᠃

74. ᠮᠣᠩᠭᠣᠯ ᠬᠠᠮᠬᠠᠭ

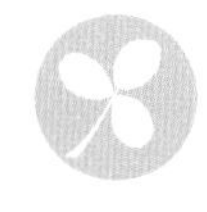

75. 毛叶老牛筋

识别特征：二年生或一年生草本。全株有白色短柔毛。茎丛生，细弱。叶对生，无柄，卵形，有睫毛。聚伞花序疏生枝端，花梗细长，密生柔毛及腺毛，花白色。蒴果卵形；种子肾形，淡褐色，密生小疣状突起。

防除指南：合理轮作换茬，加强田间管理，早期清除田边周围隙地杂草。敏感除草剂有溴苯腈、噁草酮、百草枯、草甘膦等。

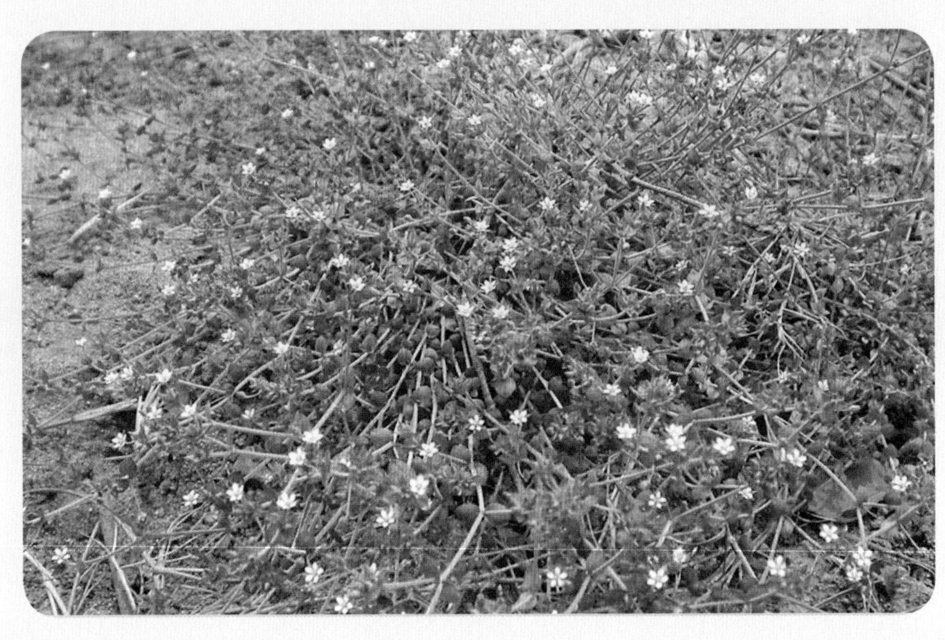

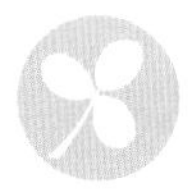

[illegible]

[illegible] (溴苯腈)，[illegible] (嗯草酮)，[illegible] (百草枯)，[illegible] (草甘膦)

[illegible]

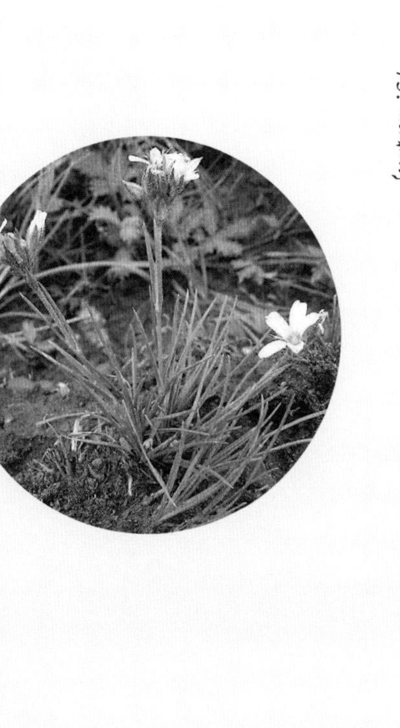

75. [illegible]

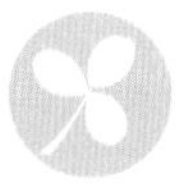

76. 球序卷耳

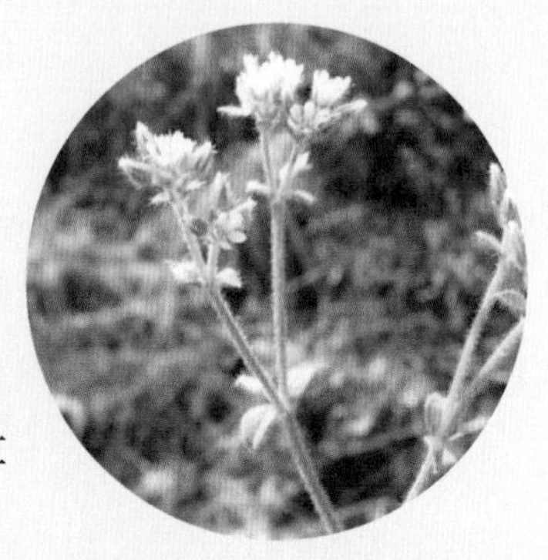

识别特征：二年生草本。茎簇生，遍体密生柔毛，茎下部紫红色，上部绿色。叶对生，全缘，两面均有贴生柔毛，睫毛密而明显。聚伞花序顶生，花梗密生长腺毛，花白色。蒴果圆柱形，种子褐色。

防除指南：敏感除草剂有草甘膦、乙氧氟草醚、氰草津、氧氟·乙草胺等。

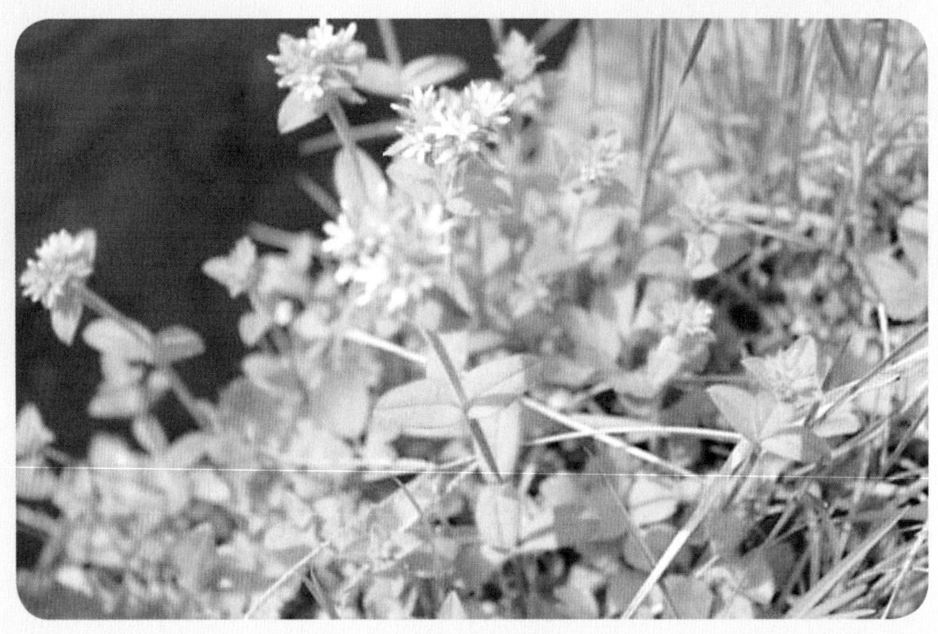

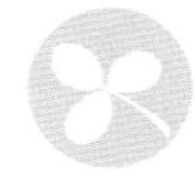

(氰草津)· [illegible] (氰氟·乙草胺) [illegible] ::

[illegible] (草甘膦)· [illegible] (乙氧氟草醚)· [illegible] ::

[illegible] ::

[illegible] ::

76. [illegible]

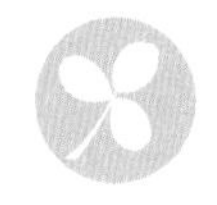

（十五）天南星科

77. 半夏

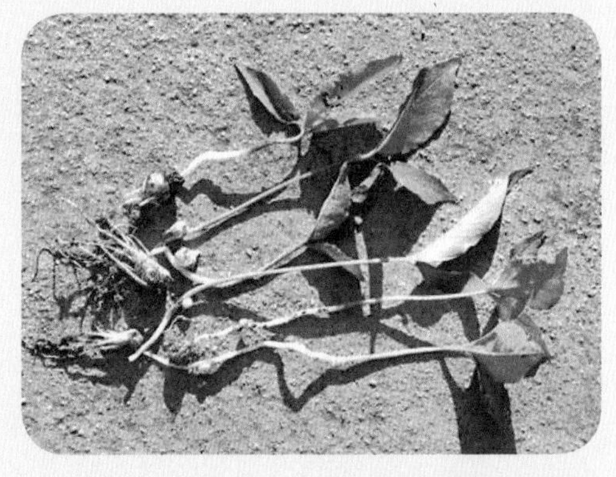

识别特征：多年生草本。块茎近球形。叶少数，出自块茎顶端，叶柄长。一年生叶为单叶，卵状心形；二年生叶，三全裂，全缘光滑。肉穗花序顶生，花序梗常较叶柄长；佛焰苞绿色。浆果卵圆形，绿色。

防除指南：敏感除草剂有乙草胺、甲草胺、氰草津、草甘膦、百草枯等。

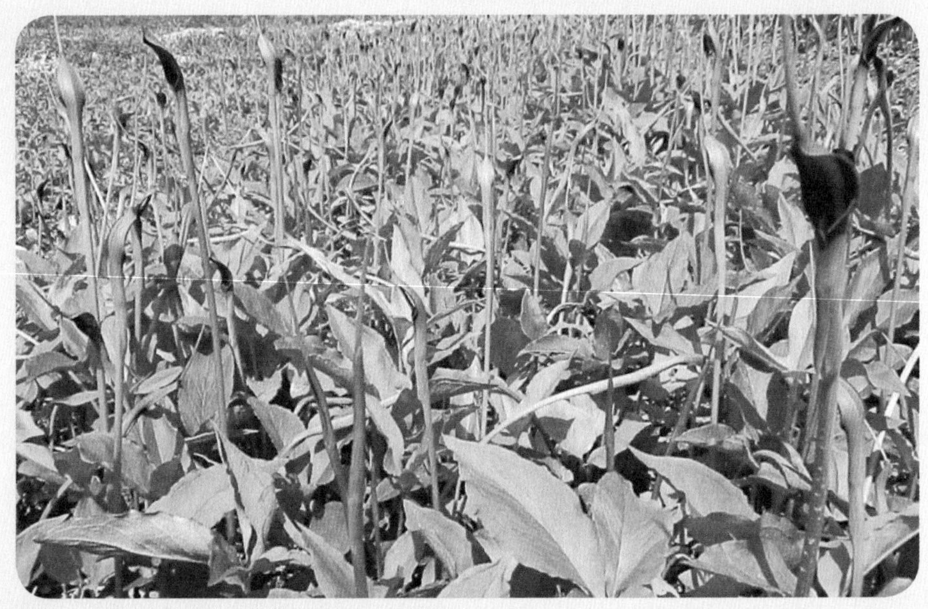

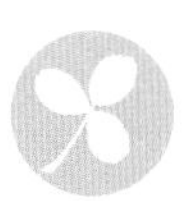

([illegible]) [illegible]

77. [illegible]

[illegible] (乙草胺)، [illegible] (甲草胺)، [illegible] (氰草津)، [illegible] (草甘膦)، [illegible] (百草枯) [illegible] ::

（十六）苋科

78. 凹头苋

识别特征：一年生草本。茎自基部分枝，平卧或上升。叶互生，具长柄，叶片卵形或菱状卵形。花簇腋生于枝的上部，有时形成穗状花序或圆锥花序。胞果卵形；种子倒卵形至圆形，黑褐色，有光泽。

防除指南：合理组织作物轮作换茬，施用腐熟的农家肥料，加强田间管理。敏感除草剂有毒草胺、草甘膦、百草枯、禾草丹、氧氟·乙草胺、敌草隆等。

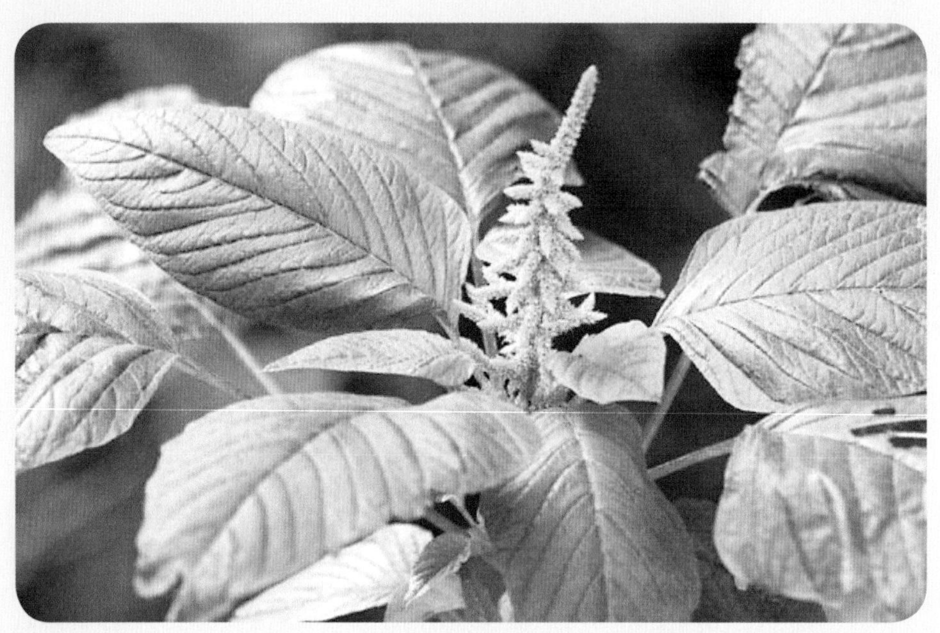

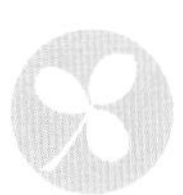

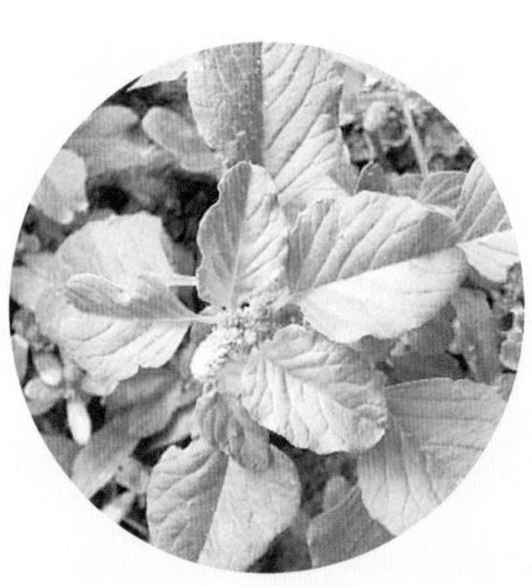

78. ᠲᠣᠭᠣᠷᠢᠭ ᠨᠣᠭᠣᠭ᠎ᠠ
（ᠰᠠᠯᠠᠭᠠᠯᠠᠭᠰᠠᠨ ᠦᠶ᠎ᠡ ᠶᠢᠨ ᠳᠦᠷᠰᠦ）

ᠨᠠᠮᠤᠷ ᠤᠨ ᠳᠠᠷᠢᠮᠠᠯ᠂ ᠬᠠᠪᠤᠷ ᠤᠨ ᠲᠠᠷᠢᠮᠠᠯ ᠳᠤ ᠬᠤᠷᠠ ᠢ ᠬᠠᠮᠢᠭᠠᠯᠠᠬᠤ ᠡᠮ ᠬᠡᠷᠡᠭᠯᠡᠨ᠎ᠡ᠃ ᠲᠠᠷᠢᠮᠠᠯ ᠤᠨ ᠪᠤᠰᠤᠳ ᠭᠠᠵᠠᠷ ᠲᠤ ᠬᠡᠷᠡᠭᠯᠡᠵᠦ ᠪᠣᠯᠣᠨ᠎ᠠ᠃ ᠬᠣᠣᠷ ᠢ ᠰᠢᠨᠵᠢ ᠶᠢᠨ ᠬᠣᠷᠣᠬᠤ ᠵᠢᠡᠷ ᠤᠨ ᠲᠠᠷᠢᠯᠲᠠ ᠪᠠᠨ ᠬᠤᠷᠠ ᠢ ᠬᠠᠮᠢᠭᠠᠯᠠᠬᠤ ᠡᠮ ᠢ ᠬᠡᠷᠡᠭᠯᠡᠬᠦ ᠳᠦ ᠲᠦᠷᠦᠯ ᠪᠠᠨ᠃ ᠪᠤᠰᠤᠳ ᠪᠣᠯᠪᠠᠰᠤᠷᠠᠯ ᠤᠨ ᠦᠶ᠎ᠡ ᠳᠦ ᠬᠡᠷᠡᠭᠯᠡᠬᠦ ᠬᠤᠷᠠ ᠢ ᠬᠠᠮᠢᠭᠠᠯᠠᠬᠤ ᠡᠮ᠄ ᠲᠠᠷᠢᠯᠠᠬᠤ ᠡᠮᠦᠨ᠎ᠡ ᠬᠡᠷᠡᠭᠯᠡᠬᠦ ᠳᠦ ᠳᠦ ᠴᠣᠤ ᠠᠨ(毒草胺)᠂ ᠴᠣᠤ ᠭᠠᠨ ᠯᠢᠨ(草甘膦)᠂ ᠪᠠᠢ ᠴᠣᠤ ᠺᠦ(百草枯)᠂ ᠬᠧ ᠴᠣᠤ ᠳᠠᠨ(禾草丹)᠂ ᠰᠡᠭᠦᠳᠡᠷᠯᠢᠭ ᠪᠣᠯᠤᠨ ᠬᠣᠣᠷᠲᠤ ᠬᠣᠷᠤᠯ ᠡᠮ(氧氟•乙草胺)᠂ ᠳᠢ ᠴᠣᠤ ᠯᠦᠩ(敌草隆) ᠵᠡᠷᠭᠡ ᠪᠣᠢ᠃

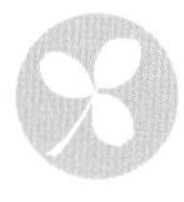

79. 刺苋

识别特征：一年生草本。茎直立，绿色或红色，具棱。叶互生，先端具细刺，叶柄两侧有二刺。圆锥花序顶生及腋生，直立，花穗基部的苞片变成尖锐直刺。胞果扁卵形；种子近球形，棕色或黑色。

防除指南：加强田间管理，适时中耕除草。敏感除草剂有草甘膦、麦草畏、百草枯、苯磺隆等。

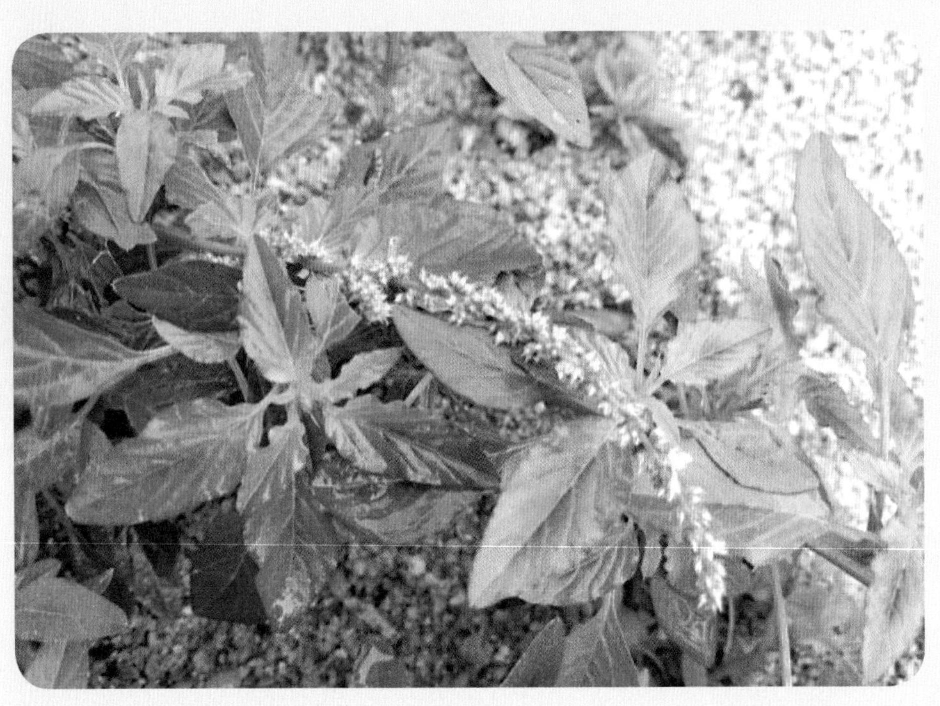

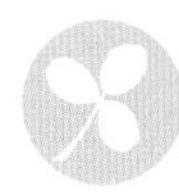

[illegible]（草甘膦）、[illegible]（麦草畏）、[illegible]（百草枯）[illegible]（苯磺隆）[illegible]

[illegible]

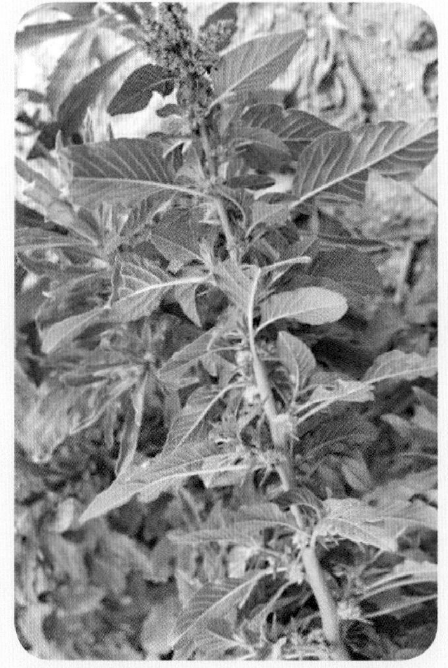

79. [illegible]

80. 喜旱莲子草

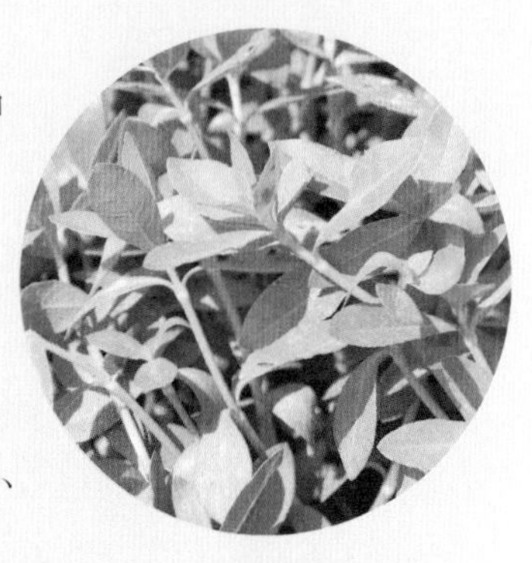

识别特征：多年生草本。茎基部匍匐、上部伸展，中空，有分枝，节腋处疏生细柔毛。叶对生，具短柄，长圆状倒卵形或倒卵状披针形，有睫毛。头状花序单生于叶腋，具总花梗；花白色，不等大。

防除指南：加强田间管理，连根拔除杂草。敏感除草剂有苯磺隆、灭草松、草甘膦、嗯草酮、丙草胺等。

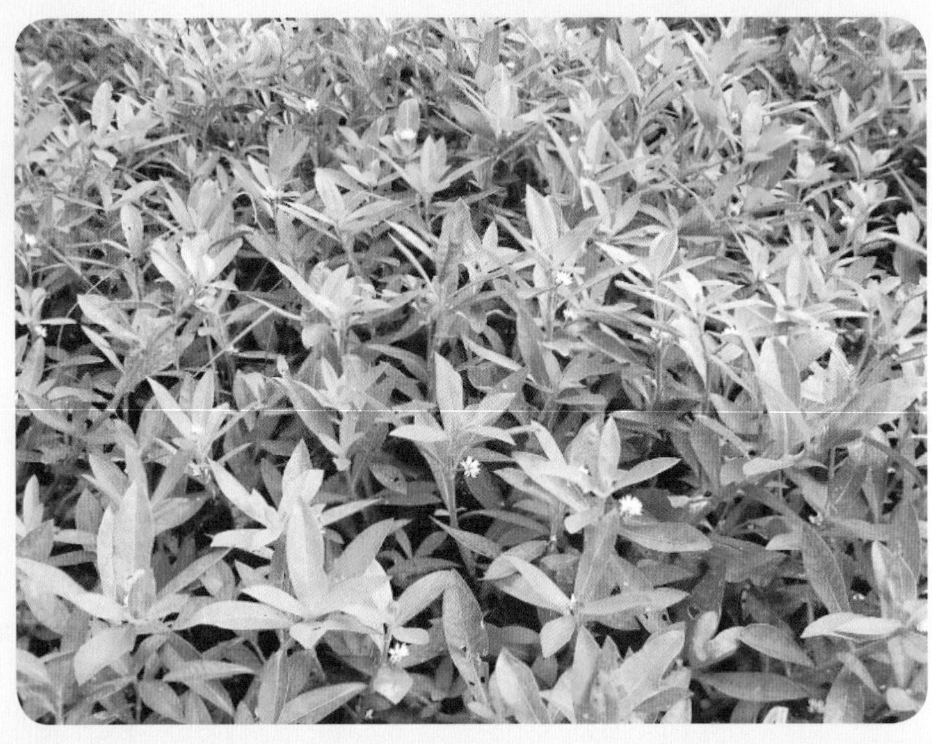

[illegible] (苯磺隆)、[illegible] (灭草松)、[illegible] (草甘膦)、[illegible] (噁草酮)、[illegible] (丙草胺) [illegible]

80. [illegible]

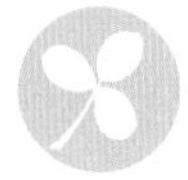

81. 牛膝

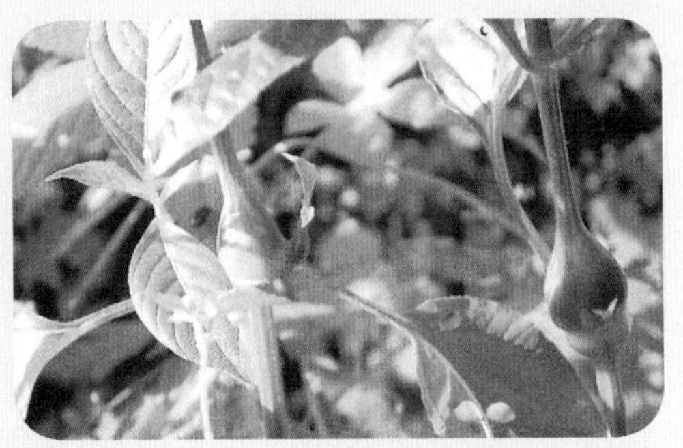

识别特征：多年生草本。茎直立，四棱形，有疏柔毛，茎节膨大呈牛膝状，常带暗紫色。叶对生，椭圆形或阔披针形，全缘。穗状花序顶生和腋生。胞果长圆形。

防除指南：合理轮作换茬，及时清除杂草。敏感除草剂有灭草松、草甘膦、麦草畏、百草枯等。

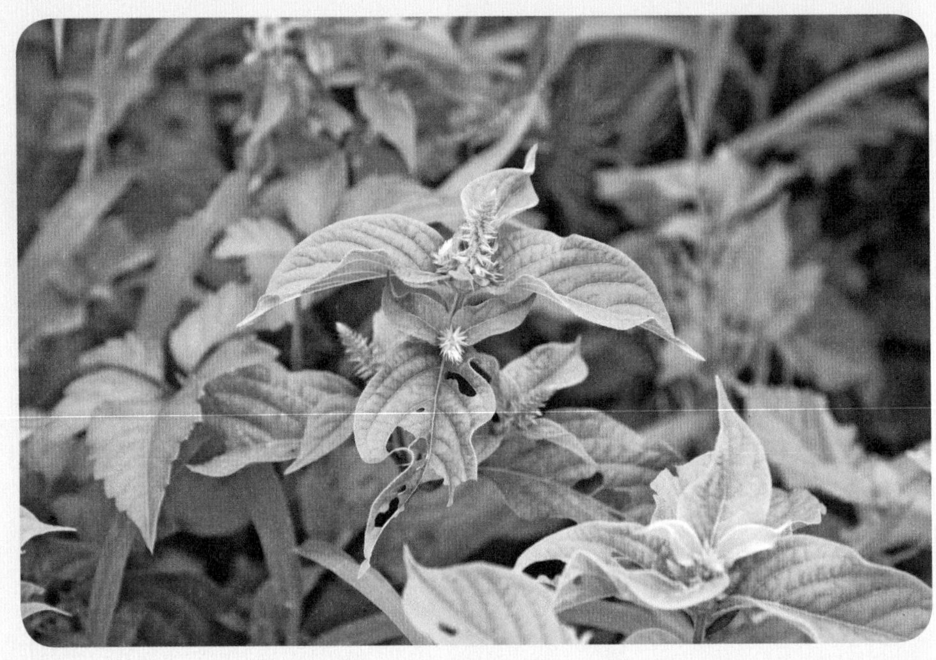

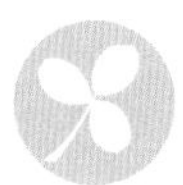

松）、[illegible]（草甘膦）、[illegible]（麦草畏）、[illegible]（百草枯）[illegible]

[illegible]（灭草

[illegible]

18. [illegible]

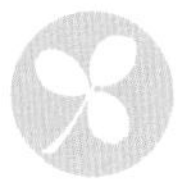

82. 皱果苋

识别特征：一年生草本。全株无毛。茎直立，有不明显棱角，少有分枝。叶互生，卵形至卵状长圆形，先端常凹缺，少数圆钝，叶面常有“V”形白斑。圆锥花序顶生，有分枝。胞果扁球形，绿色，极皱缩。

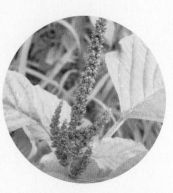

防除指南：合理轮作换茬，加强田间管理。敏感除草剂有氯氟吡氧乙酸、甲草胺、麦草畏、氟乐灵、三氟羧草醚等。

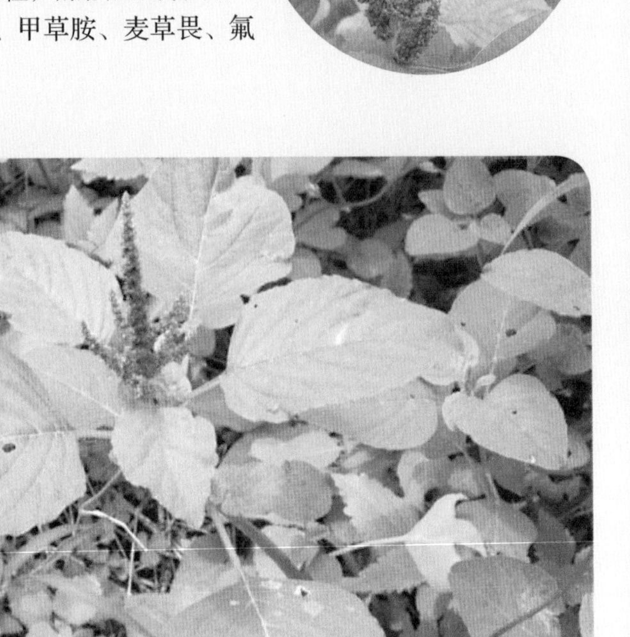

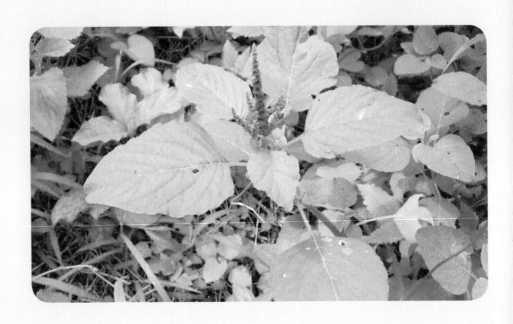

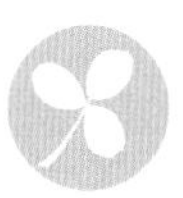

ᠪᠣᠷᠣᠭᠤᠯᠬᠤ ᠰᠠᠨ ᠹᠦ ᠰᠤᠸᠧᠢ ᠴᠣᠤ ᠮᠢ（三氟羧草醚）ᠬᠡᠷᠡᠭᠯᠡᠨ᠎ᠡ ᠪᠣᠯ ᠃
ᠯᠦ ᠹᠦ ᠪᠢ ᠶᠠᠩ ᠢ ᠰᠤᠸᠠᠨ（氯氟吡氧乙酸）、ᠵᠢᠶᠠ ᠴᠣᠤ ᠠᠨ（甲草胺）、ᠮᠠᠢ ᠴᠣᠤ ᠸᠧᠢ（麦草畏）、ᠹᠦ ᠯᠧ ᠯᠢᠩ（氟乐灵）、
ᠪᠣᠯᠤᠨ᠎ᠠ ᠃ ᠲᠡᠭᠦᠨ ᠢ ᠪᠠᠢᠭ᠎ᠠ ᠶᠢ ᠬᠠᠮᠠᠭᠠᠯᠠᠬᠤ “V” ᠬᠡᠯᠪᠡᠷᠢ ᠲᠠᠢ ᠪᠣᠯᠤᠨ᠎ᠠ ᠃ ᠬᠤᠪᠢᠷᠠᠭᠤᠯᠬᠤ ᠪᠠᠨ ᠰᠠᠢᠨ ᠢ ᠮᠡᠳᠡᠬᠦ ᠂ ᠬᠠᠮᠤᠭ ᠤᠨ ᠰᠠᠢᠨ ᠢ ᠬᠤᠷᠢᠶᠠᠬᠤ

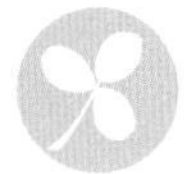

（十七）玄参科

83. 阿拉伯婆婆纳

识别特征：二年生或一年生草本。全株有柔毛。茎自基部分枝，基部叶对生，上部互生，卵圆形或卵状长圆形，边缘有钝锯齿。花单生于苞腋，苞片叶状；花冠淡蓝色，有放射状深蓝色条纹。蒴果倒扁心形，有网纹；种子舟形或长圆形。

防除指南：敏感除草剂有氯氟吡氧乙酸、草甘膦、百草枯、苯磺隆、氧氟·乙草胺等。

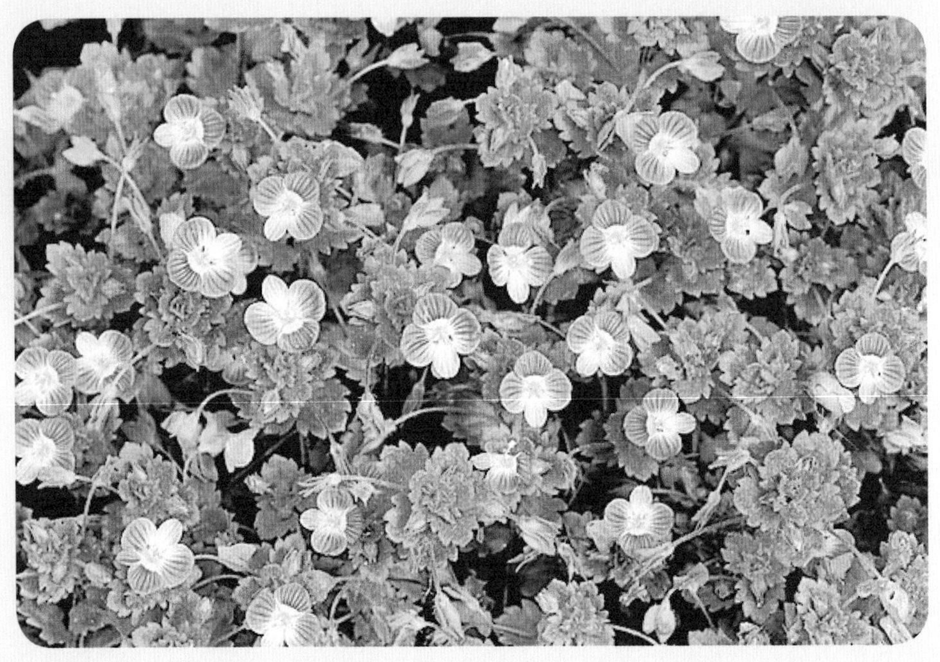

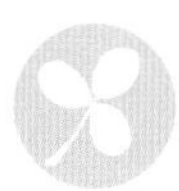

(草甘膦)、[illegible] (百草枯)、[illegible] (苯磺隆)、[illegible] (氧氟・乙草胺) [illegible]

[illegible] (氯氟吡氧乙酸)、[illegible]

[illegible]

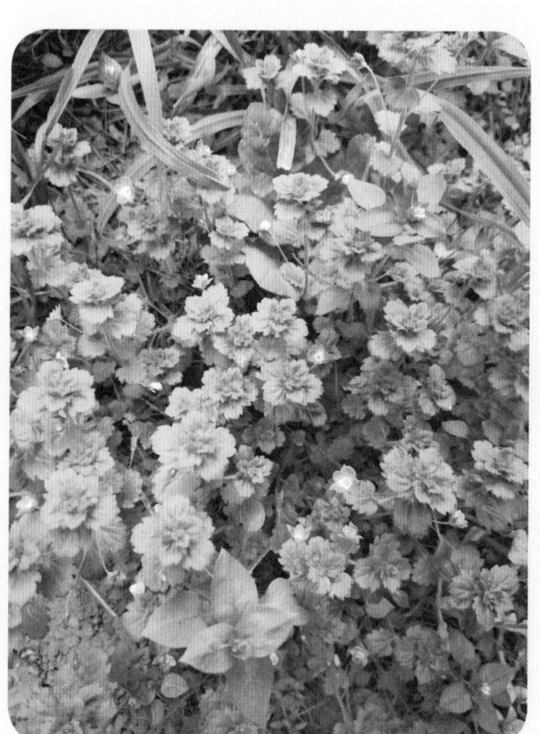

83. [illegible]

([illegible])

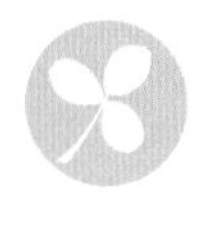

84. 婆婆纳

识别特征：二年生或一年生草本。茎基部多分枝成丛，纤细，匍匐或上生，被柔毛。叶2~4对（腋间有花的为苞片），具3~6毫米长的短柄，叶片心形至卵形，长5~10毫米，宽6~7毫米，每边有2~4个深刻的钝齿。总状花序顶生，花冠蓝紫色，辐状。蒴果近肾形，稍扁，密被柔毛；种子舟状深凹，背面波状纵皱纹。

防除指南：加强田间管理，及时除草。敏感除草剂有氯氟吡氧乙酸、禾草丹、苯磺隆、草甘膦等。

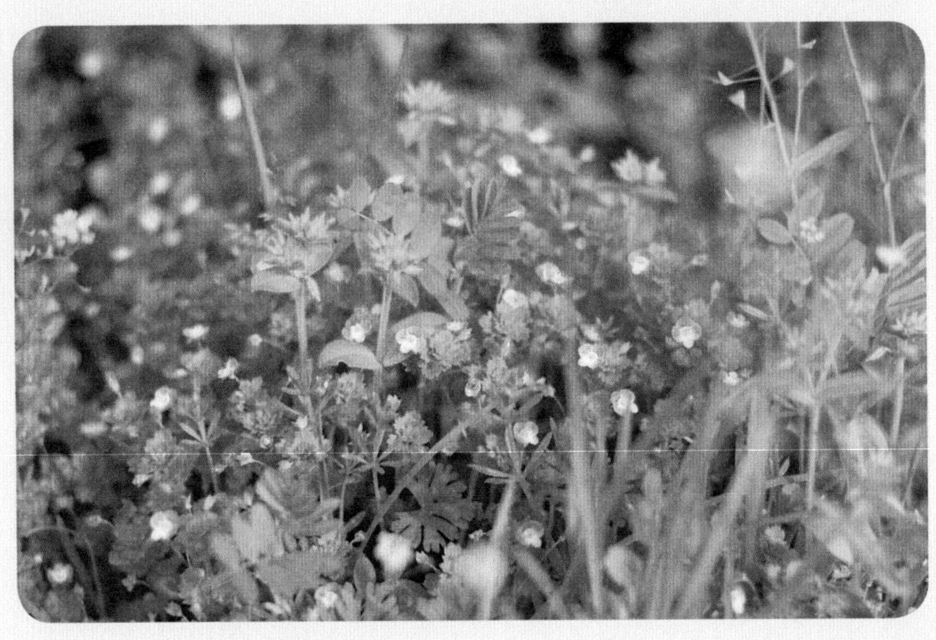

ᠭᠯᠢ ᠹᠣᠰ (草甘膦) ᠵᠡᠷᠭᠡ ᠪᠣᠢ ᠃
ᠬᠡᠷᠡᠭᠯᠡᠬᠦ ᠳᠦ ᠬᠣᠷᠣᠭᠤ ᠪᠣᠷᠣᠭᠣ ᠰᠢᠷᠢᠭᠤᠨ ᠪᠣᠭᠣᠰᠬᠠᠯᠠᠭᠤᠯᠬᠤ ᠬᠣᠷ ᠪᠣᠳᠠᠰ (氯氟吡氧乙酸)᠂ ᠾᠧ ᠼᠣᠤ ᠳᠠᠨ (禾草丹)᠂ ᠪᠧᠨ ᠬᠤᠸᠠᠩ ᠯᠦᠩ (苯磺隆)᠂ ᠮᠡᠲᠦ

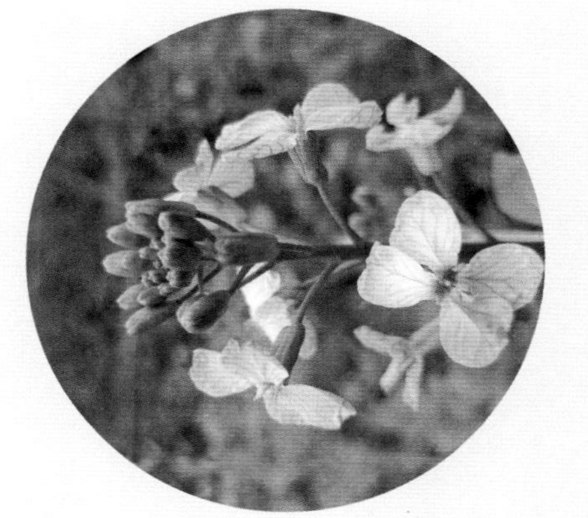

84. ᠪᠤᠳᠤᠩ ᠨᠠᠭᠠᠷᠰᠤ ᠨᠣᠭᠣ

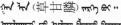

85. 匍茎通泉草

识别特征：多年生草本。全株无毛或少有疏被柔毛的。茎有直立茎和匍匐茎，直立茎上生，匍匐茎花期发出。基生叶匙形，有长柄，具粗齿或浅羽裂；直立茎上的多互生，匍匐茎上的多对生，具短柄，匙形或近圆形，具粗齿。总状花序顶生，花萼钟状漏斗形，花冠紫色或白色而有紫斑。蒴果球形，稍伸出萼筒。

防除指南：合理组织作物轮作换茬，加强田间管理，适时中耕除草。敏感除草剂有苯磺隆、三氟羧草醚、氧氟·乙草胺、草甘膦等。

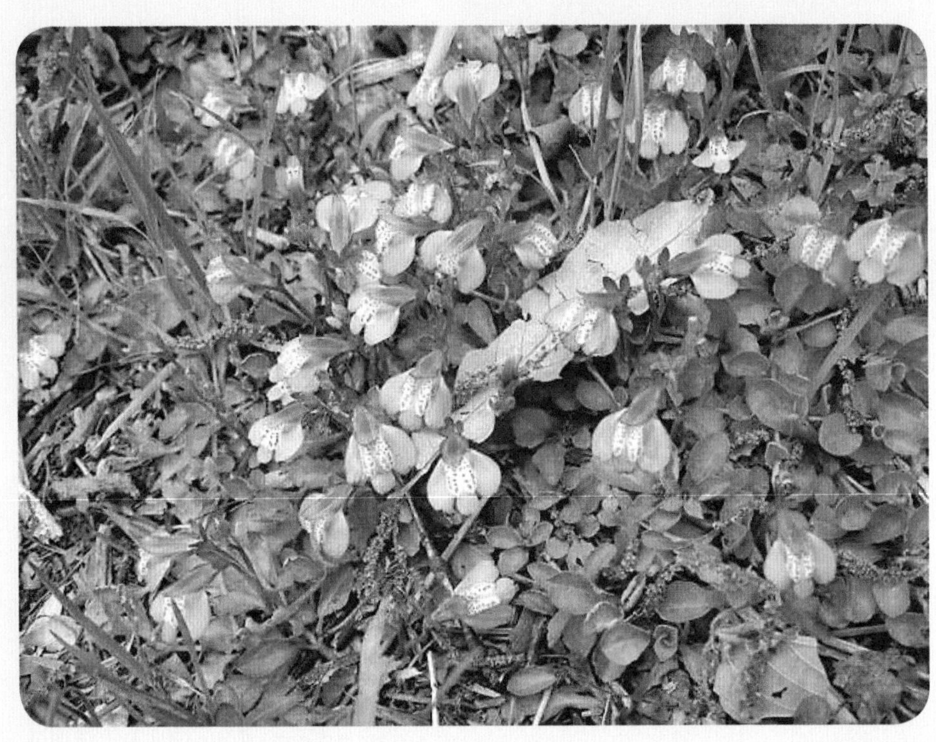

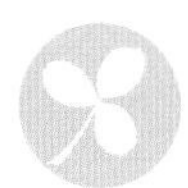

(氧氟·乙草胺) (草甘膦) (苯磺隆) (三氟羧草醚)

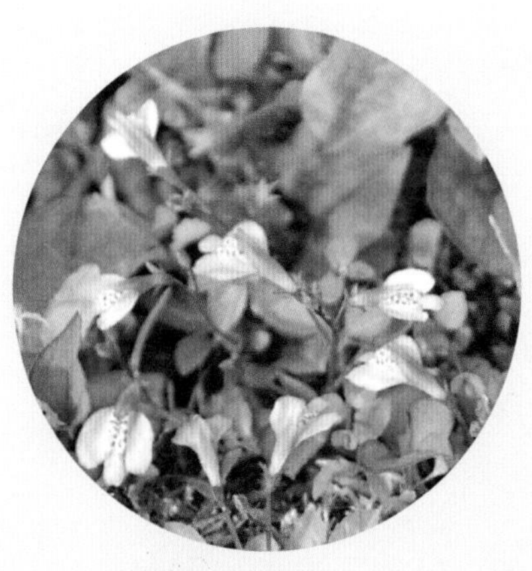

85.

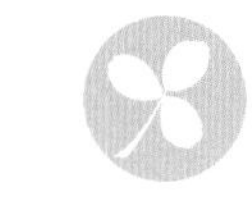

86. 水苦荬

识别特征：多年生草本。茎直立，富肉质，中空。叶对生，长圆状披针形，全缘或具波状齿，基部呈耳廓状微抱茎。总状花序腋生，花冠淡紫色或白色，具淡紫色的线条。蒴果近圆形，先端微凹；种子长圆形。

防除指南：敏感除草剂有百草枯、扑草净、三氟羧草醚、噻吩磺隆、苯磺隆、氰草津等。

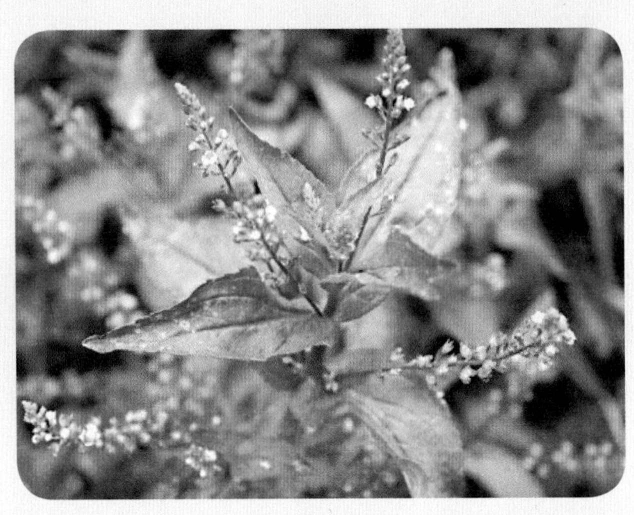

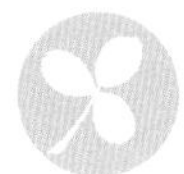

（三氟羧草醚）[illegible]（噻吩磺隆）[illegible]（苯磺隆）[illegible]（氰草津）[illegible]（百草枯）[illegible]（扑草净）[illegible]

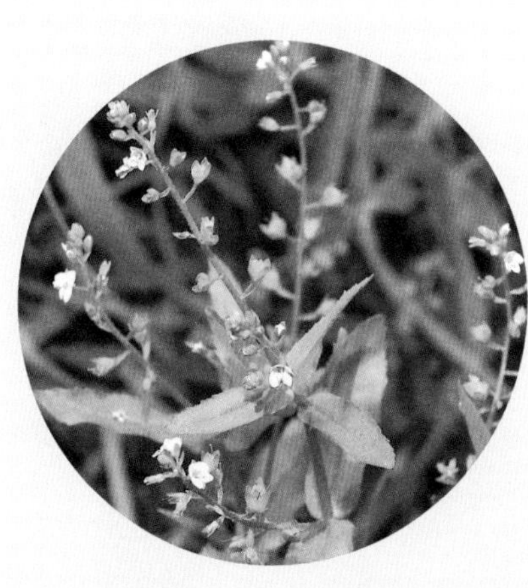

98. [illegible]

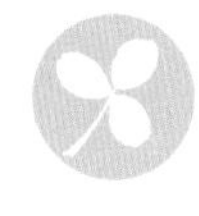

87. 通泉草

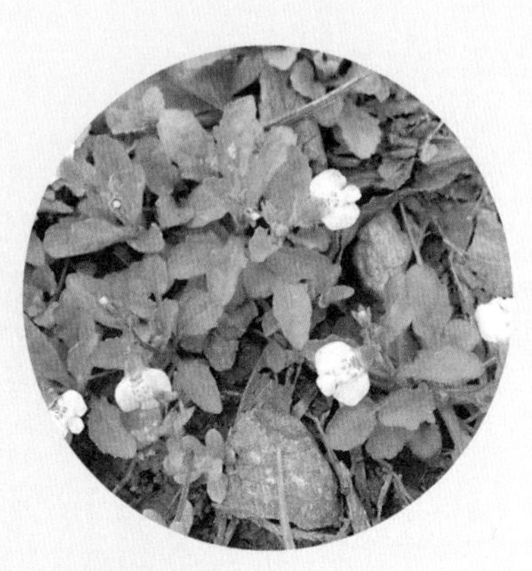

识别特征：一年生草本。全株密生极微小的腺毛。茎自基部分枝，直立或倾斜，不具匍匐茎。叶多基生，倒卵形或匙形，缘有粗齿，基部下延至柄成翅。总状花序细长，稍偏向一侧，花冠淡紫色或蓝色。蒴果球形，种子长圆形。

防除指南：敏感除草剂有草甘膦、嗪草酮、苯磺隆、三氟羧草醚等。

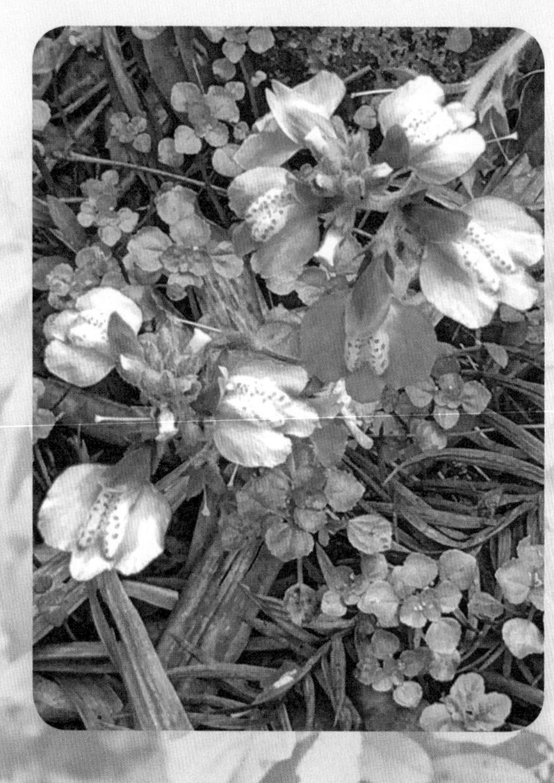

磺隆）[illegible]（三氟羧草醚）[illegible]（草甘膦）[illegible]（嗪草酮）[illegible]（苯[illegible]

87. [illegible]

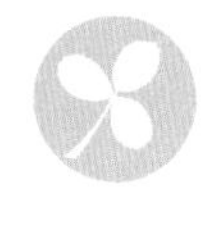

（十八）旋花科

88. 打碗花

识别特征：多年生蔓性草本。茎细弱，匍匐或缠绕。叶互生，叶片三角状戟形或三角状卵形，全缘，两面无毛。花单生于叶腋，花冠漏斗形（喇叭状），粉红色或白色，口近圆形微呈五角形。蒴果卵圆形。

防除指南：敏感除草剂有氧氟·乙草胺、三氟羧草醚、麦草畏、乳氟禾草灵、莠去津等。

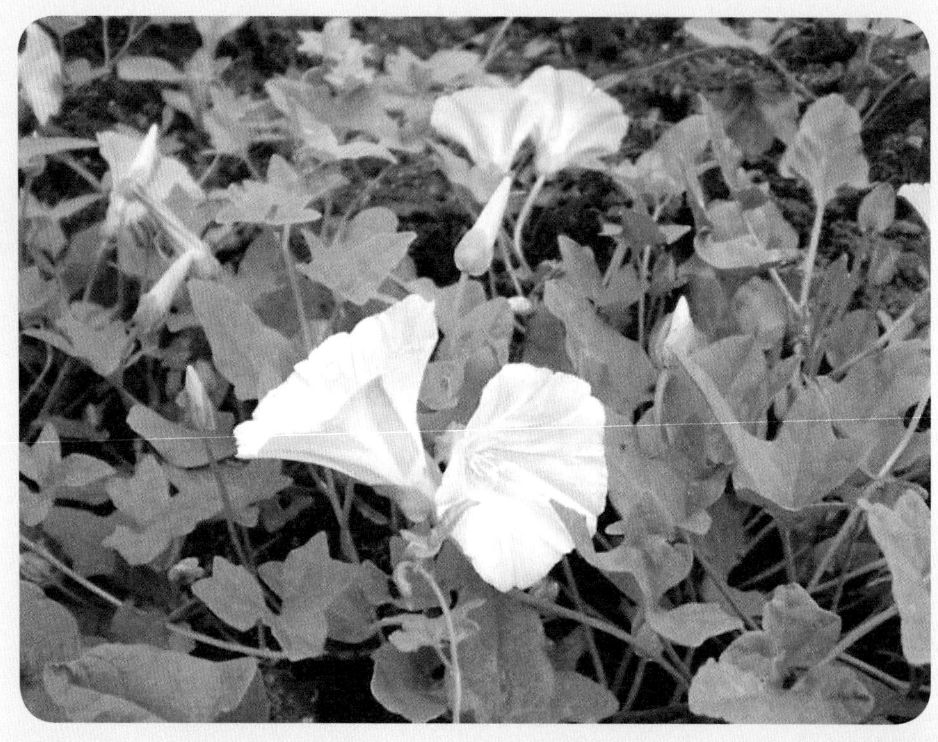

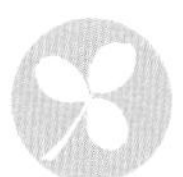

[Mongolian text] (三氟羧草醚)、[Mongolian text] (麦草畏)、[Mongolian text] (乳氟禾草灵)、[Mongolian text] (莠去津) [Mongolian text] (氧氟・乙草胺)、[Mongolian text] ::

[Mongolian text]

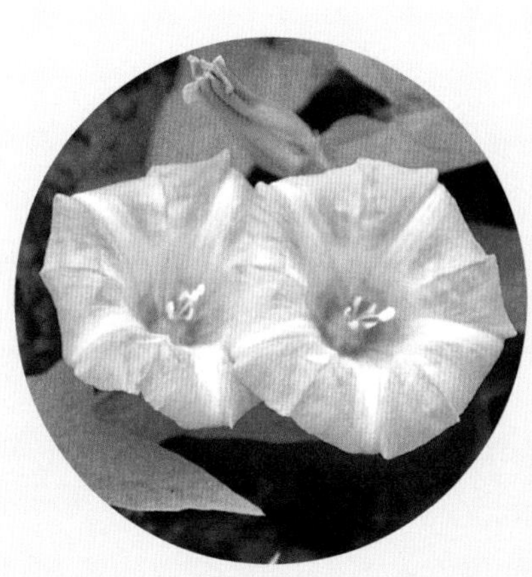

88 [Mongolian text]

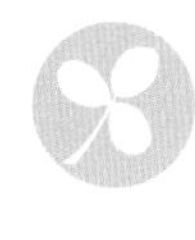

89. 牵牛

识别特征：一年生草本。全株被粗硬毛。茎缠绕，多分枝。叶互生，具长柄，叶片心形或卵状心形，常三裂。花序有花1~3朵，腋生，花冠漏斗形，白色、蓝紫色或紫红色。蒴果球形，种子卵圆形。

防除指南：敏感除草剂有三氟羧草醚、乙草胺、氟磺胺草醚、乳氟禾草灵、氧氟·乙草胺等。

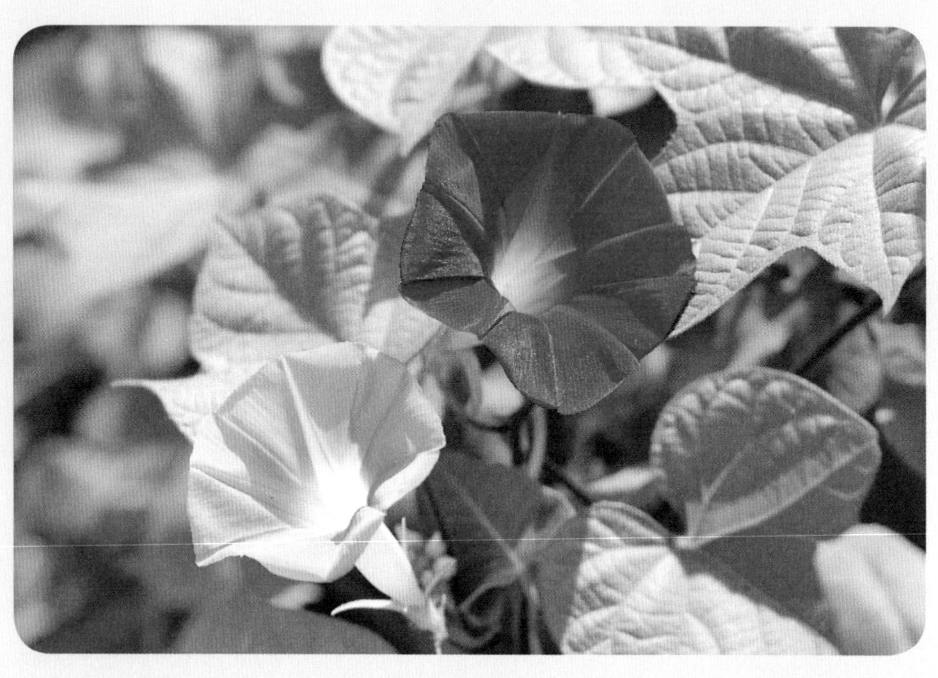

89. ᠰᠣᠯᠣᠩᠭ᠎ᠠ ᠴᠡᠴᠡᠭ

ᠵᠢᠯ ᠪᠦᠷᠢ ᠤᠷᠭᠤᠮᠠᠯ ᠡᠪᠡᠰᠦ᠂ ᠦᠨᠳᠦᠷ ᠨᠢ 2 ᠮᠧᠲ᠋ᠷ ᠬᠦᠷᠳᠡᠭ᠃ ᠨᠠᠪᠴᠢ ᠨᠢ ᠵᠦᠷᠬᠡ ᠬᠡᠯᠪᠡᠷᠢ ᠲᠡᠢ᠂ ᠴᠡᠴᠡᠭ ᠨᠢ ᠨᠠᠪᠴᠢᠨ ᠤ ᠰᠤᠭᠤ ᠳᠤ ᠭᠠᠩᠴᠠ ᠪᠡᠷ ᠪᠤᠶᠤ 2 ᠬᠡᠰᠡᠭ ᠪᠡᠷ ᠤᠷᠭᠤᠨ᠎ᠠ᠂ ᠴᠡᠴᠡᠭ ᠦᠨ ᠡᠯᠪᠡᠭ ᠨᠢ 1 ~ 3 ᠰᠠᠨ᠋ᠲ᠋ᠢᠮᠧᠲ᠋ᠷ ᠤᠷᠲᠤ᠂ ᠴᠡᠴᠡᠭ ᠦᠨ ᠲᠣᠭᠣᠴᠢ ᠨᠢ ᠤᠷᠭᠤᠮᠠᠯ ᠪᠤᠶᠤ ᠦᠯᠦ ᠦᠵᠡᠭᠳᠡᠨ᠎ᠡ᠃ ᠦᠷ᠎ᠡ ᠨᠢ ᠬᠠᠷ᠎ᠠ ᠪᠤᠶᠤ ᠰᠢᠷ᠎ᠠ ᠪᠣᠷᠣ ᠦᠩᠭᠡ ᠲᠡᠢ᠃

ᠲᠠᠷᠢᠮᠠᠯ ᠲᠠᠷᠢᠶᠠᠨ ᠤ ᠬᠣᠣᠷᠠᠯ ᠤᠳᠠᠮ ᠤᠨ ᠬᠠᠯᠳᠠᠪᠤᠷᠢ ᠲᠠᠢ ᠡᠪᠡᠰᠦ ᠪᠣᠯᠤᠨ᠎ᠠ᠃ ᠠᠷᠢᠯᠭᠠᠬᠤ ᠠᠷᠭ᠎ᠠ᠄ ᠪᠣᠳᠣᠰ ᠤᠨ ᠡᠮ ᠪᠣᠯᠪᠠᠰᠤ ᠰᠤᠯᠹᠠᠨ ᠬᠣᠷᠠ (氟磺胺草醚)、ᠷᠦ ᠹᠦ ᠾᠧ ᠼᠣ ᠯᠢᠩ (乳氟禾草灵)、ᠪᠣᠳᠣᠰ ᠤᠨ ᠡᠮ ᠹᠲᠣᠷ ᠬᠣᠷᠠ (氧氟・乙草胺) ᠶᠢ ᠪᠣᠯ ᠬᠡᠷᠡᠭᠯᠡᠵᠦ᠂ ᠭᠤᠷᠪᠠᠨ ᠹᠲᠣᠷ ᠬᠣᠷᠠ (三氟羧草醚)、ᠰᠦᠯ ᠬᠣᠷᠠ (乙草胺)、

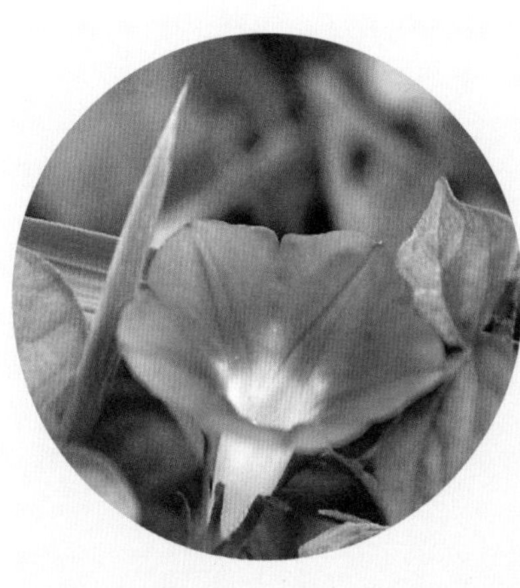

90. 金灯藤

识别特征：一年生寄生草本。茎较粗，稍带肉质，缠绕，黄绿色或带橘红色，无叶。穗状花序，花多数，簇生，花梗粗壮；花冠橘红色，钟状。蒴果近球形，稍扁；种子淡褐色，表面粗糙。

防除指南：深翻土壤，春末夏初及时检查，发现金灯藤连同杂草及毒主受害部位一起拔除并销毁。敏感除草剂有西玛津、扑草净、草甘膦等。

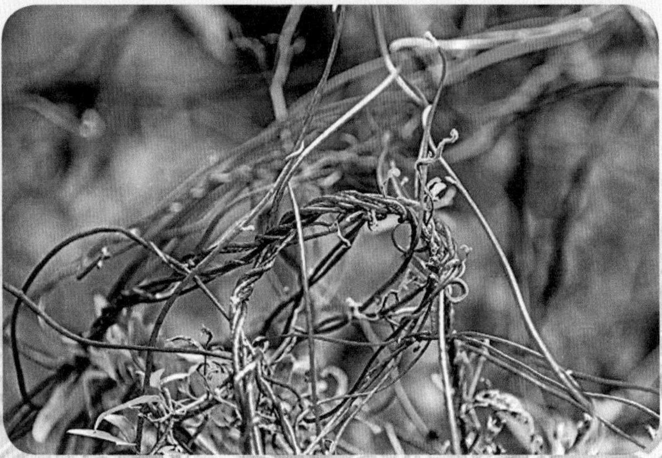

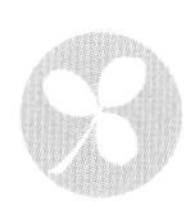

[illegible] (西玛津)、[illegible] (扑草净)、[illegible] (草甘膦) [illegible]

[illegible]

90. [illegible]

91. 田旋花

识别特征：多年生草本。茎平卧或缠绕，有棱。叶互生，有柄，叶片戟形或箭形，全缘或三裂。花1~3朵，腋生，花梗细弱，花冠漏斗形，粉红色。蒴果球形或圆锥形，无毛；种子椭圆形，无毛。

防除指南：敏感除草剂有吡草醚、麦草畏、异丙甲草胺、三氟羧草醚、氟磺胺草醚、莠去津等。

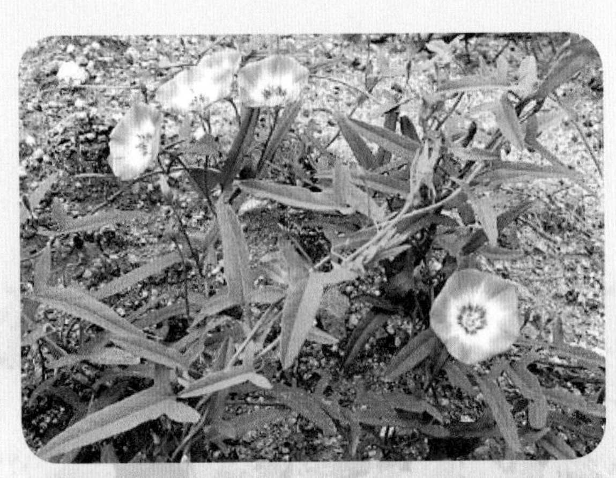

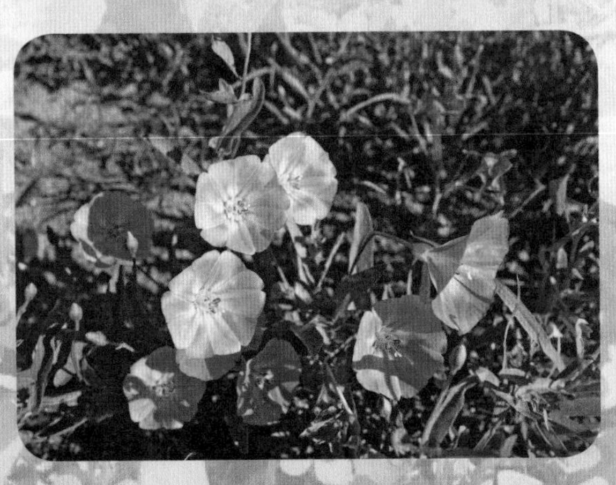

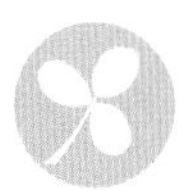

去津） [illegible]

（异丙甲草胺）、[illegible]（三氟羧草醚）、[illegible]（氟磺胺草醚）、[illegible]（莠 [illegible]（吡草醚）、[illegible]（麦草畏）、[illegible]

[illegible] 1～3 [illegible]

[illegible] 16. [illegible]

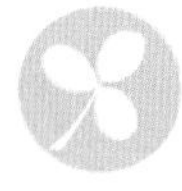

92. 菟丝子

识别特征：一年生寄生草本。茎缠绕，细弱，橙黄色。无叶。花多数，簇生，外有膜质苞片，花冠白色。蒴果近球形，成熟时被花冠全部包围；种子淡褐色。

防除指南：注意早期发现，及时摘除毁掉。敏感除草剂有甲草胺、异丙甲草胺、毒草胺、仲丁灵等。

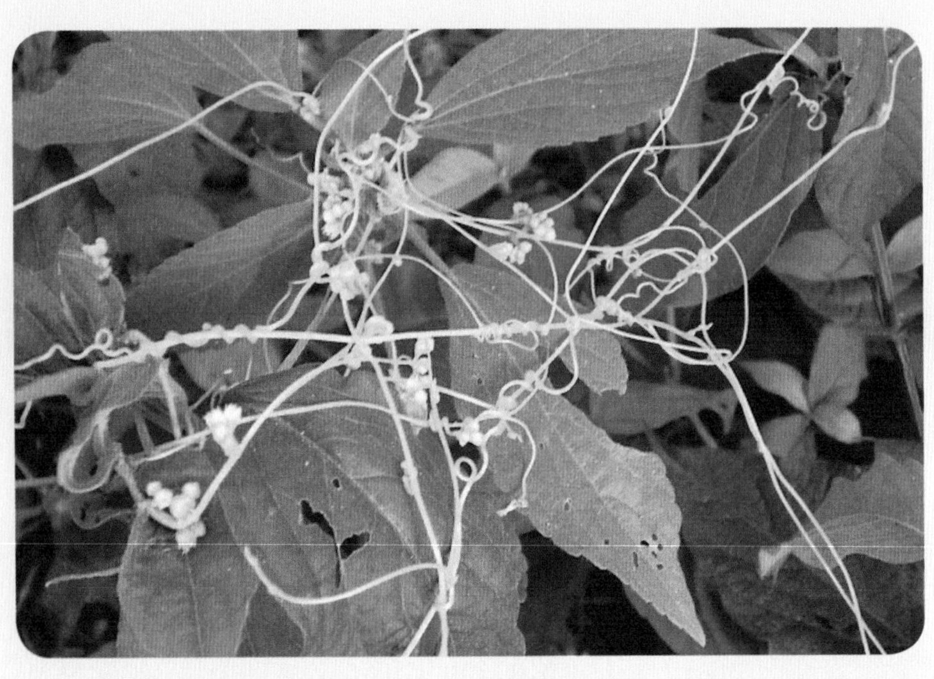

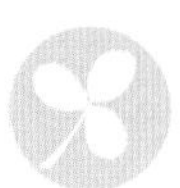

[illegible] (甲草胺)、[illegible] (异丙甲草胺)、[illegible] (毒草胺)、[illegible] (仲丁灵) [illegible]

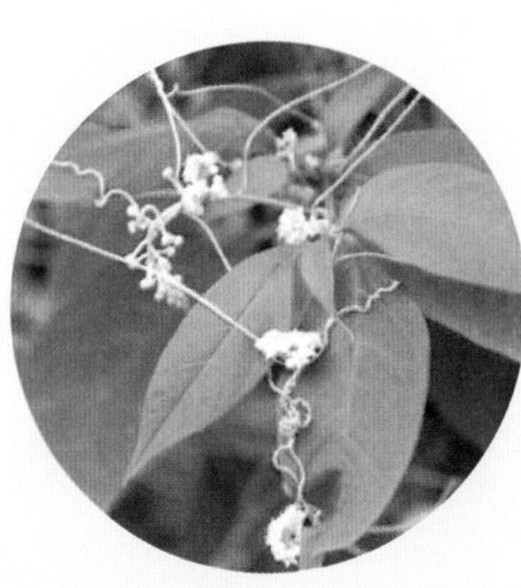

92. [illegible]

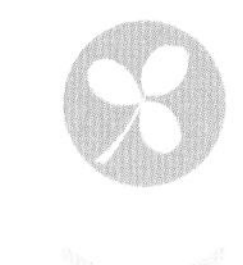

93. 圆叶牵牛

识别特征：一年生草本。全株被粗硬毛。茎缠绕，多分枝。叶互生，具长柄，叶片心形。花序有花1~5朵，花冠蓝紫色、淡红色或白色，漏斗状。蒴果近球形；种子黑色，倒卵形。

防除指南：敏感除草剂有三氟羧草醚、氟磺胺草醚、乙草胺、草甘膦、乳氟禾草灵等。

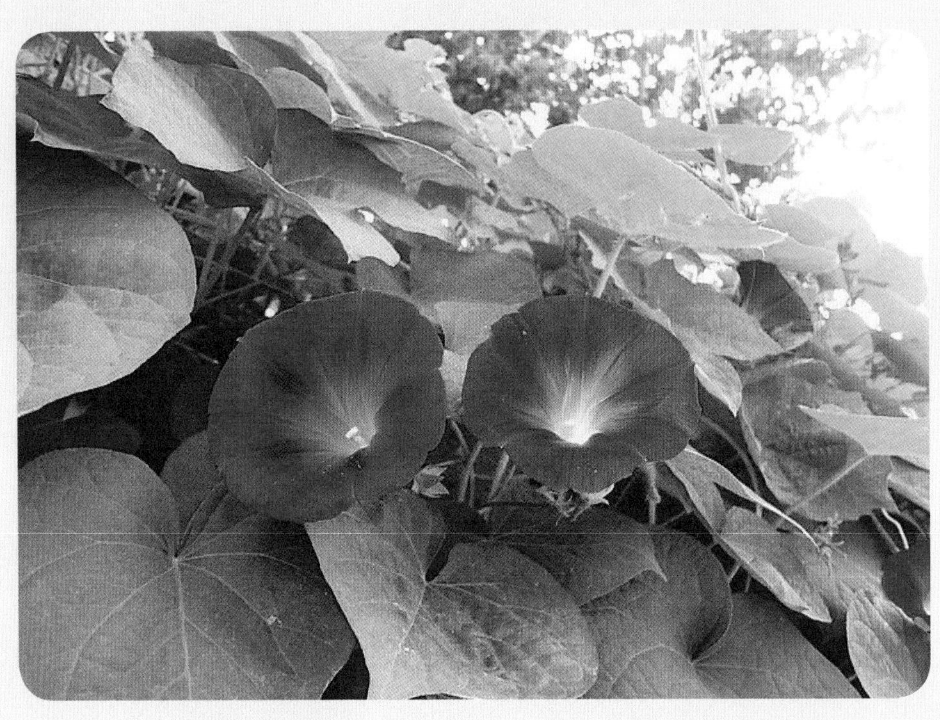

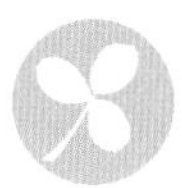

(氟磺胺草醚)、[illegible](乙草胺)、[illegible](草甘膦)、[illegible](乳氟禾草灵)[illegible] [illegible](三氟羧草醚)、[illegible]

[illegible] 1～5 [illegible]

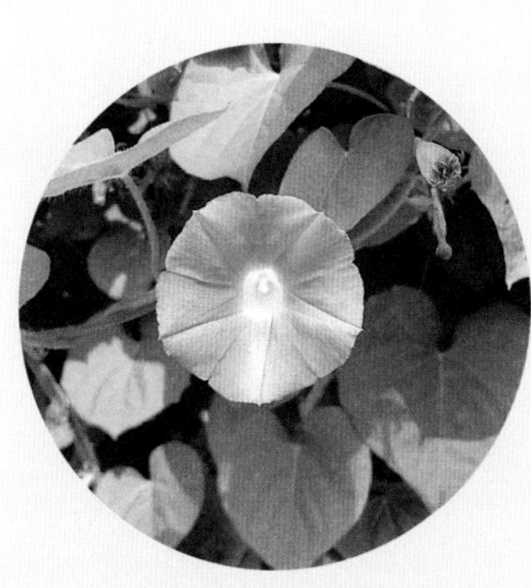

93. [illegible]

（十九）鸭跖草科

94. 鸭跖草

识别特征：一年生草本。茎下部匍匐生根，上部直立或斜生。叶互生，披针形至卵状披针形，基部下延成鞘，有紫红色条纹。总苞片佛焰苞状，生于叶腋；花数朵，淡紫色。蒴果椭圆形，种子深褐。

防除指南：合理轮作，加强田间管理，适时中耕除草。敏感除草剂有草甘膦、百草枯、麦草畏、甲草胺、异丙甲草胺、灭草松、氟磺胺草醚、乳氟禾草灵等。

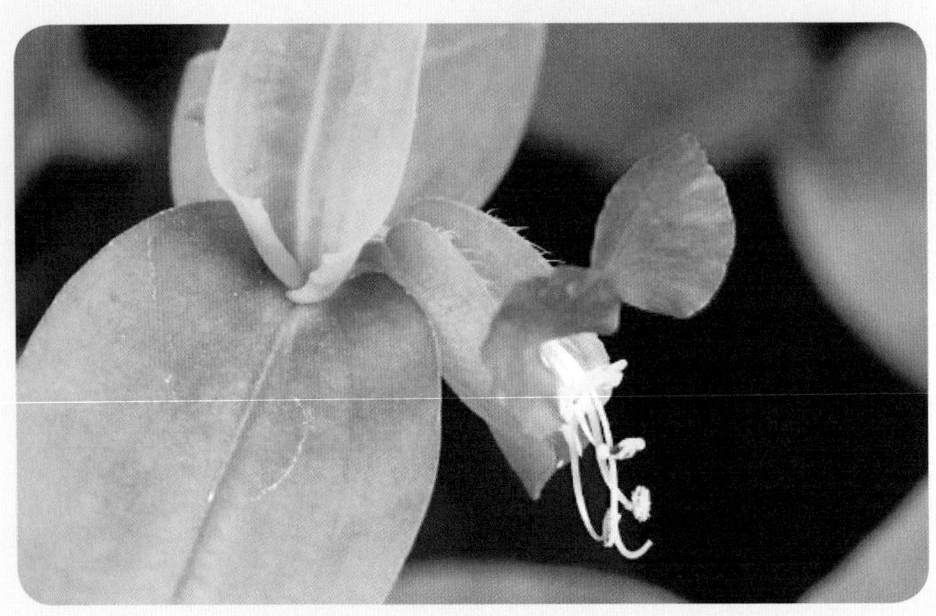

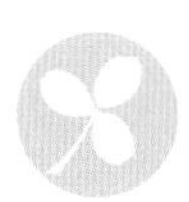

ᠬᠣᠣᠷ ᠡᠮ (乳氟禾草灵) ᠵᠡᠷᠭᠡ ᠪᠣᠢ ::

ᠲᠠᠷᠢᠮᠠᠯ ᠭᠠᠵᠠᠷ ᠤᠨ ᠡᠪᠡᠰᠦᠨ ᠠᠮᠢᠨ (异丙甲草胺)、ᠡᠪᠡᠰᠦ ᠤᠰᠠᠳᠬᠠᠯ (灭草松)、ᠹᠲᠣᠷ ᠰᠦᠯᠹᠣᠨ ᠠᠮᠢᠨ ᠡᠪᠡᠰᠦ ᠡᠹᠢᠷ (氟磺胺草醚)、ᠬᠣᠣᠷ ᠡᠮ ᠤᠨ ᠡᠪᠡᠰᠦᠨ ᠠᠮᠢᠨ (甲草胺)、ᠡᠪᠡᠰᠦᠨ ᠬᠦᠬᠡᠷᠳᠡᠯ ᠹᠣᠰᠹᠣᠷ (草甘膦)、ᠪᠦᠬᠦ ᠡᠪᠡᠰᠦ ᠶᠢ ᠬᠠᠺᠰᠠᠭᠠᠬᠤ (百草枯)、ᠤᠷᠭᠤᠮᠠᠯ ᠡᠪᠡᠰᠦ ᠶᠢ ᠠᠶᠤᠯᠭᠠᠭᠴᠢ (麦草畏)、ᠬᠣᠣᠷ ᠡᠮ ᠦᠨ ᠡᠪᠡᠰᠦᠨ ᠠᠮᠢᠨ (甲草胺)、ᠬᠡᠷᠡᠭᠯᠡᠭᠰᠡᠨ ᠬᠡᠮᠵᠢᠶ᠎ᠡ ᠶᠢᠨ ᠬᠠᠷᠢᠴᠠᠭ᠎ᠠ ᠪᠡᠷ ᠬᠡᠷᠡᠭᠯᠡᠨ᠎ᠡ : ᠲᠤᠰ ᠬᠣᠣᠷ ᠡᠮ ᠢ ᠬᠡᠷᠡᠭᠯᠡᠬᠦ ᠳᠤ ᠰᠠᠶᠢᠨ ᠦᠷ᠎ᠡ ᠳᠦᠩ ᠲᠠᠢ ::

ᠡᠮᠨᠡᠯᠭᠡ ᠶᠢᠨ ᠠᠷᠭ᠎ᠠ : ᠪᠦᠲᠦᠨ ᠡᠪᠡᠰᠦ ᠶᠢ ᠡᠮ ᠳᠦ ᠬᠡᠷᠡᠭᠯᠡᠨ᠎ᠡ :: ᠠᠮᠲᠠ ᠰᠡᠷᠢᠭᠦᠨ ᠲᠠᠢ ᠂ ᠬᠢᠨᠠᠯᠲᠠ ᠭᠠᠷᠭᠠᠨ᠎ᠠ ᠂ ᠬᠣᠣᠷ ᠢ ᠳᠠᠷᠤᠨ᠎ᠠ ᠂ ᠬᠠᠯᠠᠭᠤᠨ ᠢ ᠪᠠᠭᠤᠯᠭᠠᠨ᠎ᠠ ::

94. ᠬᠣᠨᠢᠨ ᠬᠦᠵᠦᠭᠦᠨ (ᠰᠢᠷ᠎ᠠ ᠴᠡᠴᠡᠭ ᠲᠦ ᠬᠤᠪᠢᠷᠠᠯ)

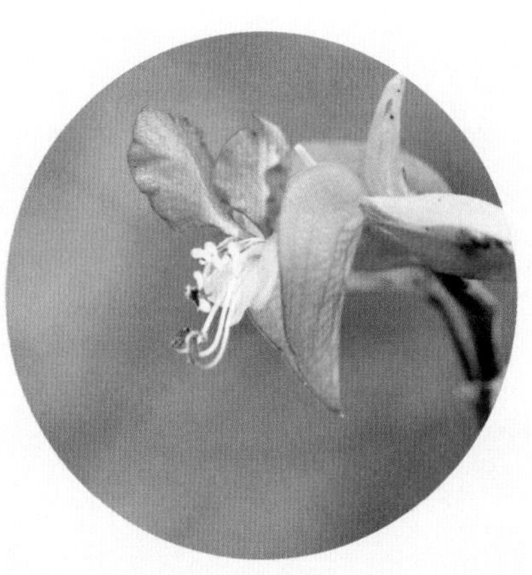

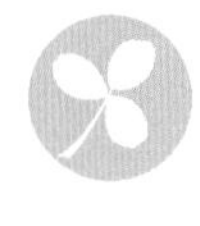

（二十）雨久花科

95. 鸭舌草

识别特征：一年生草本。茎直立或斜上，基生叶具长柄，茎生叶具短柄，基部均具叶鞘；叶片形状和大小变化较大，有心形、宽卵形、长卵形至披针形，全缘，具弧状脉。总状花序腋生，花通常3~5朵，蓝色。蒴果长圆形。

防除指南：实行水旱轮作。敏感除草剂有灭草松、扑草净、噁草酮、苄嘧磺隆、氯氟吡氧乙酸等。

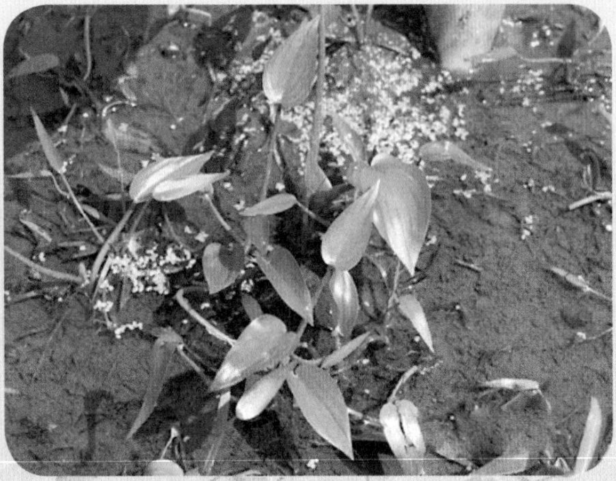

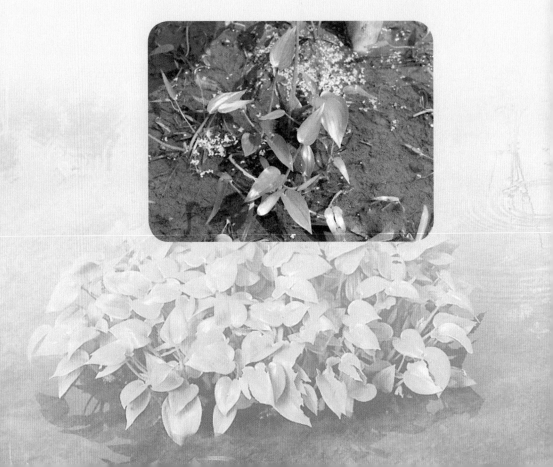

吡氧乙酸) [illegible]

[illegible] (扑草净)、[illegible] (噁草酮)、[illegible] (苄嘧磺隆)、[illegible] (氯氟

[illegible] (灭草松)、

[illegible] 3 ~ 5 [illegible]

[illegible]

[illegible]

[illegible]

[illegible]

95. [illegible]

([illegible]) [illegible]

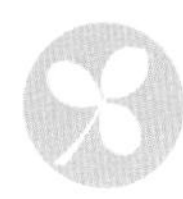

（二十一）紫草科

96. 田紫草

识别特征：二年生或一年生草本。茎自基部或上部分枝，有糙伏毛。叶互生，无柄，条状倒披针形或披针形，两面被短糙伏毛。花序甚长，花冠乳白色。小坚果淡褐色，无柄，有瘤状突起。

防除指南：敏感除草剂有苯磺隆、溴苯腈、草甘膦、百草枯、麦草畏、噻吩磺隆等。

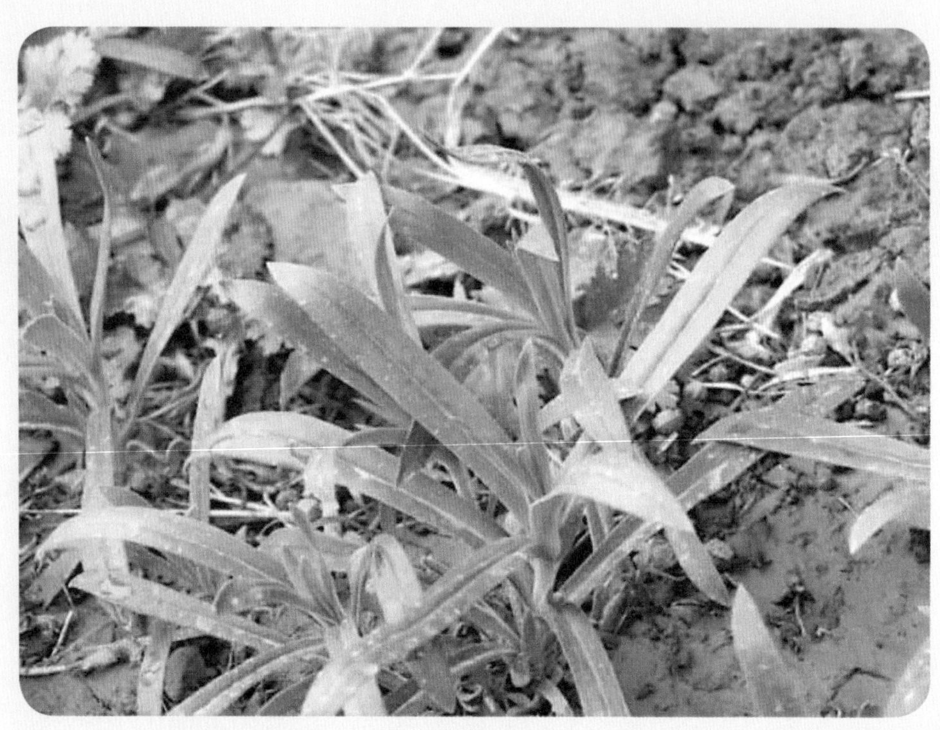

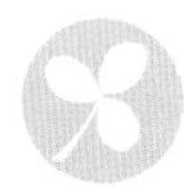

ᠪᠠᠢ ᠴᠣᠣ ᠺᠦ(百草枯)᠂ ᠮᠠᠢ ᠴᠣᠣ ᠸᠧᠢ(麦草畏)᠂ ᠰᠠᠢ ᠹᠧᠨ ᠬᠤᠸᠠᠩ ᠯᠦᠩ(噻吩磺隆) ᠵᠡᠷᠭᠡ ᠪᠣᠢ᠃
ᠪᠡᠨ ᠬᠤᠸᠠᠩ ᠯᠦᠩ(苯磺隆)᠂ (溴苯腈)᠂ ᠴᠣᠣ ᠭᠠᠨ ᠯᠢᠨ(草甘膦)᠂

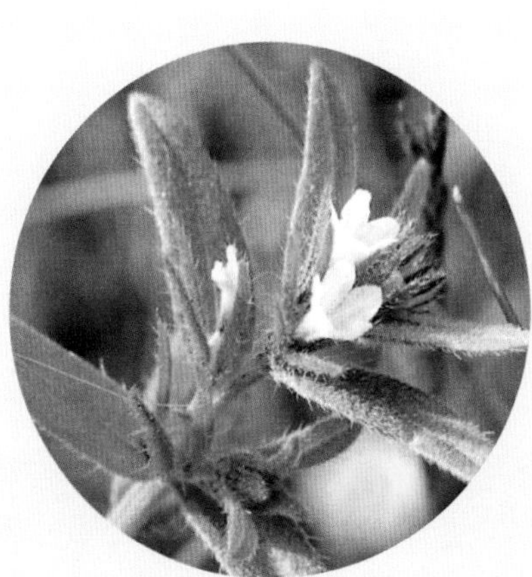

96.

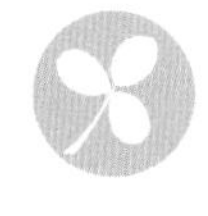

译者说明

表格中所列出的植物，蒙语翻译名称未在相关书籍和文献上查询到，因此译者依据植物的特征和特性进行了蒙文命名，供读者参考，如有不妥之处，还请读者给予更好的建议！

植物名	拉 丁 名	科名或属名
阿拉伯婆婆纳	*Veronica persica* Poir.	婆婆纳属
刺 苋	*Amaranthus spinosus* L.	苋 属
球序卷耳	*Ceratium glomeratum* Thuill	卷耳属
弯曲碎米荠	*Cardamine flexuosa* With	碎米荠属
苦 蘵	*Physalis angulata* L.	酸浆属
乌蔹莓	*Cayratia japonica* (Thunb.) Gagnep.	葡萄科
虮子草	*Leptochloa panicea* (Retz.) Ohwi	禾本科
天名精	*Carpesium abrotanoides* L.	菊 科
田紫草	*Lithospermum arvense* L.	紫草属
斑地锦	*Euphorbia maculata* L.	大戟属

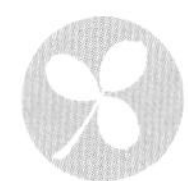

[illegible]	[illegible]	[illegible]
[illegible]	*Veronica persica* Poir.	[illegible]
[illegible]	*Amaranthus spinosus* L.	[illegible]
[illegible]	*Ceratium glomeratum* Thuill	[illegible]
[illegible]	*Cardamine flexuosa* With	[illegible]
[illegible]	*Physalis angulata* L.	[illegible]
[illegible]	*Cayratia japonica* (Thunb.) Gagnep.	[illegible]
[illegible]	*Leptochloa panicea* (Retz.) Ohwi	[illegible]
[illegible]	*Carpesium abrotanoides* L.	[illegible]
[illegible]	*Lithospermum arvense* L.	[illegible]
[illegible]	*Euphorbia maculata* L.	[illegible]

[illegible]